Mensch – die Ergotech

Hr. Alt,

mit einem herzlichen Dank
für die tolle Zusammenarbeit.

Alles Gute

Mensch – die Ergotech

Von Menschen und Maschinen

Klaus Diebold · Gerd Liebig · Wolfgang von Schroeter

Herausgegeben von   Demag Ergotech GmbH, Schwaig

Die Autoren:

Klaus Diebold, geb. 12. März 1935, freier Journalist, Inhaber einer Kommunikations-
agentur

Gerd Liebig, geb. 2. April 1961, Leiter Marketing, Pressesprecher bei Demag Ergotech
GmbH

Wolfgang von Schroeter, geb. 27. März 1938, langjähriger Sprecher der Geschäftsführung der Demag Ergotech GmbH

Illustrationen: Jules Stauber

Fotografien: Demag Ergotech Archiv

Satz, Repro und Druck: Fahner-Druck, 91207 Lauf, Nürnberger Straße 19–21

Bindearbeiten: Leipziger Großbuchbinderei

ISBN 3-924158-44-4

© 2000 Fahner Lauf

Inhalt

Vorwort: Von Menschen und Maschinen, Gerd Liebig 7

Vom „Kunsthorn" zum Metallocen-Polymer – eine kleine
Geschichte der Kunststoffe 9

1   Die Anfänge des Spritzgießens vor 1945/Erfinder und Gründer 16

1.1   John Wesley Hyatt/Dr. Leo Hendrik Baekeland 16

1.2   Die Vorläufer, 1872–1931 17

1.3   Zeitzeuge: Norbert Mallritz
       Metalle, Zelluloid, Bakelite und Polystyrol –
       alles im Spritzguss 18

1.4   Automatische Spritzgießmaschinen 1932–1958 20

1.5   Zeitzeuge: Walter Heissig
       Von Transmissionen, Kolben und Kniehebeln 22

2   Ankerwerk, 1945–1956: Der Beginn mit Kunststoff/
       Ersatzteile und Kolbenmaschinen 24

2.1   Zeitzeuge: Ernst Fischer
       Ein Kunde der ersten Stunde 29

3   Ankerwerk, 1956–1970: Zeit der Neuerungen/
       Technische Pionierleistungen 32

3.1   Zeitzeuge: Richard Herbst
       Der Fortschritt ist eine Schnecke 32

4   Demag Kunststofftechnik – Zusammenführung der
       Unternehmen 40

4.1   Die 70er: Anker – Stübbe – Mannesmann Meer –
       Demag-Extrusion – Anker PUR/Konsolidierung
       und Innovation 40

4.2   Zeitzeuge: Hans Blüml
       Vom „Volkssturm" zur Digitalhydraulik 43

5   Das Unternehmen Mannesmann – die 70er Jahre 52

6   DEMAG AG – Pionier des deutschen Maschinenbaus 56

7   Friedrich Stübbe – noch ein Nachkriegspionier
       des Spritzgießens 60

8   Die 80er: Konzentration/Krise und Sanierung 63

8.1   Zeitzeuge: Winfried Witte
       Von der „Hausmacher"-Krise zur Eigensanierung 63

8.2   Zeitzeuge: Dieter Schreeg
       Vom Plastmaschinenwerk Wiehe zur Demag Ergotech
       Wiehe GmbH 69

9 Die 90er Jahre: Aufschwung durch Internationalisierung 76
9.1 Die 90er im Zeitraffer (Wolfgang von Schroeter) 77
9.2 Zeitzeuge: Wolfgang von Schroeter
Von einem, der auszog, Plastik-Land zu erobern
und den Wettbewerb das Fürchten zu lehren 79
9.3 Man schafft Erfolg mit einer guten Mannschaft:
Aufschwung mit den kleinen ERGOtechs aus Wiehe 97
9.4 Zeitzeuge: Hans-Jürgen Wörmer
Von der Faszination eines Projektes 102
9.5 Von Geistern und anderen Kunden
Vertrieb ist, wenn man trotzdem verkauft 104
9.6 Zeitzeuge: Barry Taylor
How to sell injection moulding machines – from a very British
point of view 110
9.7 Zeitzeuge: Gerd Liebig
Noch einmal Mannesmann Plastics Machinery oder:
Wie Kluges dem Zweifel trotzt 112
9.8 Neues Jointventure in China
Ergotech-Spritzgießmaschinen für den Wachstumsmarkt 115
9.9 Querdenken im Konsens – Marketing leben 117
10 Visionen und Ausblick 124
10.1 Helmar Franz: Von der Dienstleistung zur Wertschöpfung 124
10.2 Der Millennium-Spritzgieß-Kasten 134
 Bildteil 135
 Demag Ergotech Kulturfahrplan 140

Vorwort – Von Menschen und Maschinen

Es gibt Dinge, die muss man sich von der Seele schreiben. Man muss es tun, einmal, weil Großes vollbracht wurde, und dann, weil man Zeit und Anlass zum Durchatmen hat. Das Große ist die Umsetzung des Spritzgießverfahrens in eine zukunftsorientierte und wirtschaftliche Fertigungstechnologie, die ganze Branchen mit neuen Produktideen beflügelt, und die konsequente Internationalisierung eines mittelständischen Spritzgießmaschinenherstellers. Die erfolgreiche Idee ist die Internationalisierung einer Maschinenbaufirma durch eine neue Unternehmensphilosophie, die den Menschen in den Mittelpunkt stellt. Der Mensch als Mitarbeiter, als Maschinenbediener und als Kunde.

Der eher interne Anlass ist der Wechsel in der Geschäftsführung der jungen Demag Ergotech von Wolfgang von Schroeter, Co-Autor und Manager von internationalem Esprit, zu Helmar Franz, der ein Topunternehmen in neue Bereiche führen wird, die von dem steigenden Anspruch unserer Kunden, von der Schnelllebigkeit unseres Geschäfts mit immer kürzeren Produktlebenszyklen und – last but not least – von den anspruchsvollen Erwartungen unserer Aktionäre und des Vorstands geprägt werden. Unermüdlicher Antriebsmotor bei der Erstellung des Buches war Klaus Diebold, mein Weggefährte und Supervisionär über viele Jahre, der mit seinem historischen Detailwissen und vielen Kontakten die Erstellung des Buches erst möglich gemacht hat.

Schluss ist nicht Schluss. Die Geschichte der Demag Ergotech ist nicht zu Ende. Die alte Demag ist quicklebendig und sucht neue Ufer. Wir werden sie erreichen und das Spritzgießmaschinengeschäft mit all seinen Unwägbarkeiten weiter pflegen. Mit Produkten, die ein klein bisschen menschlicher und ein klein bisschen modularer sind, mit Menschen, die ihr Leben durch ihre starke Bindung an die Firma gestalten.

Überschattet wird die Fertigstellung dieses Buches vom Tod einer der zentralen Führungskräfte der Demag Ergotech. Im jungen Alter von 39 Jahren ist der ehemalige Vertriebsleiter der Demag Ergotech in Wiehe, späterer Vertriebsdirektor der Demag Hamilton in Großbritannien und letztendlich Geschäftsführer der Demag Ergotech in Wiehe, verstorben. Unfassbar für uns verlässt Klaus Lehwald das Team und hinterlässt seine Familie mit zwei kleinen Kindern. Seinem Andenken ist dieses Buch gewidmet.

Gerd Liebig, im März 2000

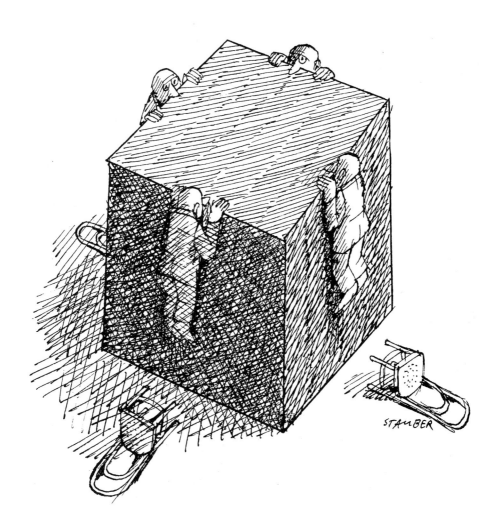

Vom „Kunsthorn" zum Metallocen-Polymer – eine kleine Geschichte der Kunststoffe

Die Geschichte der Kunststoffe und Kunststoff-Verarbeitungsmaschinen reicht zurück bis ins letzte Drittel des 19. Jahrhunderts. Wenn man die allerersten Anfänge des Kunststoffs zurückverfolgt, eigentlich bis ins 16. Jahrhundert, als man anno 1530 im Hause Fugger die Rezeptur für eine Art Kunsthorn auf Kaseinbasis niederschrieb. Zum weltweiten Siegeszug setzten die Polymere in den 50er Jahren des 20. Jahrhunderts an. Heute kann kaum mehr ein Industriezweig auf Kunststoffe verzichten.

Wie eng die Entwicklung der Menschheit an Werkstoffe geknüpft ist, zeigt die übliche Einteilung der Frühgeschichte in Stein-, Bronze- und Eisenzeit. Immer waren es die Eigenschaften der Materialien und die Fähigkeit des Menschen, sie zu bearbeiten, die den Fortschritt der Zivilisationen mitbestimmten. Man stelle sich vor, der universell geniale Mann aus Vinci bei Florenz hätte zu seiner Zeit über die Werkstoffe von heute verfügt: Flugapparat und Fallschirm gäbe es schon seit rund 500 Jahren!

Insofern kann man die zweite Hälfte des 20. Jahrhunderts sicher zu Recht als Kunststoffzeitalter apostrophieren. Denn welcher Bereich kommt heute noch ohne Kunststoff aus? Das Spektrum reicht von winzigen Zahnrädern im Zehntausendstel-Gramm-Bereich über komplette Kleinwagen-Karosserien bis zu kilometerlangen Rohren, um nur einige Anwendungen zu nennen. Für die unterschiedlichsten Anwendungen gibt es Polymere mit maßgeschneiderten Eigenschaften.

Die Geschichte der Kunststoffe ist zu lang für diese Firmengeschichte. Trotzdem sollen einige markante, ohne zwingende Systematik ausgewählte Stationen auf dem Weg zu den modernen Thermoplasten, Elastomeren und Duroplasten genannt sein:

- 1823 beginnt (nicht nur) für die Briten der Regen erträglicher zu werden, weil Charles Mackintosh (nicht der Architekt und Möbeldesigner, der kam erst zwei Generationen später!) in jenem Jahr auf die Idee kommt, Textilien mit Kautschuklatex, man kann auch sagen: Gummilösung, zu imprägnieren und Regenmäntel, eben die Mackintoshs, daraus zu machen.
- Der Kautschuk spielt eine Hauptrolle zu Beginn der Geschichte der Polymere. So gelingt es dem englischen Chemiker G. Williams 1860, das Isopren zu destillieren, den Grundbaustein des Naturgummis; er

charakterisiert damit als Erster die molekulare Struktur eines natürlichen Polymers.

- Auf die berühmten Billardkugeln des Mister Hyatt und die Zelluloid-Story kommen wir noch zu sprechen.
- 1907 stellt der Amerikaner L. H. Baekeland den ersten vollsynthetischen Kunststoff her, das Bakelit. Adolf Ritter von Bayer war die dazu erforderliche Polykondensation von Phenol und Formaldehyd bereits 1872 gelungen.
- Schon 1911 gibt R. Escales den neuen Materialien und einer neuen Zeitschrift den Namen „Kunststoffe".
- In den 20er Jahren des 20. Jahrhunderts legt Hermann Staudinger mit seinen Arbeiten über Kunstfasern und Makromoleküle (unter anderem „Makromolekulare Chemie und Biologie" 1947) den Grundstein für die moderne Kunststoffchemie; er erhält 1953 den Nobelpreis für Chemie.
- Das berühmte Plexiglas (Polymethylmethacrylat, PMMA) wird 1928 von Otto Röhm aus Methylmethacrylat zu glasartigen Blöcken polymerisiert.
- 1930 beginnt man im Werk Ludwigshafen der IG Farben mit der Produktion von Polystyrol und
- 1931 mit der Produktion von Polyvinylchlorid (PVC).
- Wallace Hume Carothers erhält 1931 das erste Patent über Polyamid (PA) und stellt
- 1935 das erste Polyamid 66 (Nylon) her.
- DuPont macht 1938 daraus die ersten Fasern und
- 1940 sind die „Nylons" der Renner für US-Damenbeine.
- Drei Jahre zuvor erfindet Otto Bayer (IG Farben, Werk Leverkusen) ein Verfahren zu Polyurethan-Herstellung (PUR) aus Isocynaten und Polyolen.
- 1944 startet in den USA und Deutschland die großtechnische Produktion von Silikonen.
- 1946 beginnt DuPont in den USA in großem Maßstab mit der Herstellung des Polymers, das Pfannen in aller Welt hausfrauenfreundlicher machen sollte: Polytetrafluorethylen (PTFE), das Teflon.
- Karl Ziegler beziehungsweise Ziegler und G. Natta (I) entwickeln 1953 die Niederdruck-Polymerisation von Ethylen mit metallorganischen Katalysatoren beziehungsweise die stereospezifische Polymerisation von höheren Olefinen. Beide erhalten 1963 den Nobelpreis für Chemie.

Weiter in Stichworten:

- Ebenfalls 1953: Entwicklung von Polycarbonat durch H. Schnell.
- 1958: DuPont (USA) produziert Polyformaldehyd (POM), basierend auf H. Staudingers Arbeiten (1927).
- 1964: General Electric (USA) beginnt mit der Herstellung seines Noryl (Polyphenylenoxid, PPO) und stellt
- 1982 ihr Ultem (Polyetherimid, PEI) vor.
- 1995: Eine Weiterentwicklung der Ziegler-Natta-Katalysatoren sind die Metallocen-Katalysatoren, die als Quantensprung in der Polymersynthese gelten und eines der Highlights auf der K '95 waren. Metallocen-Polymere, wie syndiotaktisches PP (mPP) zeichnen sich unter anderem durch eine besonders enge Molekulargewichtsverteilung aus, wodurch die Eigenschaften der Standardmaterialien gezielt verbessert werden und zum Beispiel höhere Transparenz und Schlagzähigkeit erreicht werden können.

Der Anwender und Verarbeiter kann heute über eine Vielfalt von polymeren Werkstoffen für die Spritzgießverarbeitung verfügen – von thermoplastischen Standard-Kunststoffen über technische Polymere und Hochleistungsmaterialien bis zu den vernetzten Kunststoffen, den Elastomeren und Duroplasten.

Doch erscheint diese Form der Klassifizierung kaum noch sinnvoll. Es ist für den Anwender hilfreicher, die Polymere von vornherein nach ihren Einsatzmöglichkeiten zu klassifizieren, das heißt, die Anwendung nicht üblicherweise ans Ende, sondern an den Anfang der Suche nach dem geeigneten Kunststoff zu stellen. Ohnehin sind die Grenzen der üblichen Einteilung dieser Werkstoffe fließend: ABS zum Beispiel steht irgendwo zwischen den Standard- und den technischen Polymeren. Und wo sind die neuen, katalytisch „veredelten", leistungsfähigeren Metallocen-Kunststoffe einzuordnen? Von der Stopfmaschine bis zur Fertigungszelle – eine kurze Geschichte der Spritzgießmaschine.

Wer die Möglichkeiten der Werkstoffe nutzen, das heißt, die von ihnen gebotenen Chancen ergreifen will, muss den Materialien eine neue Form geben, erst dann wird aus einem Material ein Werkstoff. Soll die Form der Funktion folgen – sie muss es vernünftigerweise tun –, dann gilt es, Verfahren zu entwickeln, die diese Fähigkeit zur „Formgebung" haben und sich ihrerseits dazu der Fertigkeiten von Maschinen und Werkzeugen bedienen: vom Werkstoff nach Maß über die Maschine nach Maß zum Formteil nach Maß.

Die Urfrage der Evolution, ob zuerst das Ei da war oder die Henne, könnte man für das Spritzgießen mit einer Gegenfrage beantworten:

Was hätte Leonardo da Vinci eine vollelektrische Spritzgießmaschine genutzt? Antwort: Nichts! Er hatte keinen Strom und keinen spritzgießbaren Kunststoff, hätte also frühestens bis 1800 auf Alessandro Graf Volta aus Como warten müssen, der ihm vielleicht mit seiner gleichnamigen „Säule" die Antriebsenergie hätte liefern können, – und ebenfalls frühestens bis 1869 auf Mister Hyatt, der ihm die erste vielleicht spritzgießbare, zumindest aber stopfbare, allerdings zu Explosionen neigende Masse hätte mischen können.

Man braucht also Verfahren, Werkzeuge und Maschinen, Menschen und Unternehmen, um aus Materialien Werkstoffe und aus diesen Produkte zu formen. Dabei konzentriert sich die vorliegende Geschichte auf das Spritzgießen und die Spritzgießmaschine. Unter den vielen Unternehmen, die seit dem Bau der hyattschen Stopfmaschine (zirka 1872) an der Evolution der Spritzgießtechnik mitgewirkt haben, ist eines, um das es im weiteren Verlauf dieser Geschichte im Wesentlichen geht – die heutige Demag Ergotech GmbH. Sie wird im Ablauf der Geschichte des Spritzgießens von 1945 an auftauchen – auch mit einer Pioniertat. Aber keineswegs aus dem Dunkel der Geschichte, wenn auch nach der dunkelsten Phase deutscher Geschichte. Und sie wird im Wandel der Zeiten auch ihren Namen immer wieder ändern, ein äußeres Zeichen für die Veränderungen, die die notwendige Anpassung an den Wandel erfordert.

Bitte folgen Sie aber zuerst einmal einem kurzen Abriss der Entwicklung der Spritzgießtechnik, wie ihn Dr. Dieter Bock, Dozent für Technikgeschichte an der TU Chemnitz, 1997 aufgeschrieben hat, und die vorerst mit 1980 endet. Kurz deshalb, weil wir im Verlauf dieses Buches noch ausreichend auf die Details der Entwicklung dieser Technik eingehen werden.

Die beiden kursiv gesetzten Daten 1945 und 1950 haben wir Dr. Bock in die Tabelle geschmuggelt; im Original ist der Start von Ankerwerk Gebr. Goller Nürnberg (heute Demag Ergotech GmbH) in die Spritzgießtechnik nicht enthalten. Und was den fett gedruckten Eintrag für 1956 angeht: Es handelt sich hierbei um die erwähnte gollersche Pioniertat, um die erste Einschnecken-Spritzgießmaschine der Welt, bei der der Schneckenkolben den Kolben erfolgreich abgelöst hat.

Historische Entwicklung der Spritzgießtechnik für Kunststoffe

1849 Erfindung der Metall-Spritzgießmaschine durch Sturgiess (USA)

1869 Entwicklung des Zelluloids durch John Wesley Hyatt (USA)

1872 Vertikale Stopfmaschine (erste Plast-SGM der Welt), Gebrüder Hyatt (USA)

1919 Erste technisch brauchbare SG-Masse (Zelluloseacetat) durch Arthur Eichengrün (D)

1921 Erste senkrechte Hand-SGM durch Hermann Buchholz in Zusammenarbeit mit Arthur Eichengrün

1926 Serienmäßige Herstellung einer horizontalen SGM in Deutschland durch die Firma Eckert & Ziegler

1931 Industrielle Herstellung des Polystyrols

1932 Automatische horizontale SGM mit elektromechanischem Antrieb durch Hans Gastrow bei der Firma Franz Braun AG, Zerbst

1939 Industrielle Herstellung des Polyamids

1943 Patentanmeldung einer Schneckenplastifizierung durch Hans Beck bei der BASF Ludwigshafen

1945 *Ankerwerk Gebr. Goller Nürnberg beginnt mit dem Nachbau von Ersatzteilen für ISOMA-Spritzgießmaschinen*

1950 *Ankerwerk Gebr. Goller Nürnberg beginnt mit dem Bau von Kolben-Spritzgießmaschinen*

1956 Bau einer Einschnecken-SGM nach Beck durch Ankerwerk Gebr. Goller Nürnberg

1958/ Weltweite Ablösung der Kolbenplastifizierung durch die
1960   Schneckenplastifizierung

1973 Erstes Auftreten der geregelten SGM

1980 Beginnender Übergang zum automatischen Spritzgießbetrieb

So viel für den Anfang. Wenn im Weiteren auch hauptsächlich die Geschichte des Ankerwerks Gebr. Goller Nürnberg erzählt wird, an der sich die Evolution des Spritzgießens beispielhaft verfolgen lässt, so werden auch die Beiträge anderer Beteiligter an dieser Entwicklung nicht zu kurz kommen.

Freuen Sie sich mit uns auf eine Reise durch die Jahrhundert-Technologie Spritzgießen – mit Demag Ergotech.

1 Die Anfänge des Spritzgießens vor 1945/ Erfinder und Gründer

1.1 John Wesley Hyatt/Dr. Leo Hendrik Baekeland
Zwei Kunststoffe, Zelluloid und Bakelit, berichten über ihre Entstehung, Eigenschaften und erste Spritzgießverarbeitung:

„Es lag etwas Explosives in der Luft, als ich 1869 in den USA zur Welt kam. Mein Erzeuger und Geburtshelfer, der Drucker John Wesley Hyatt aus Starkey in den USA, hatte eigentlich nur die 10000 Dollar im Sinn, die eine Firma, die Billardkugeln aus dem immer rarer und teurer werdenden Elfenbein herstellte, auf meinen Kopf – respektive auf meine Geburt – ausgesetzt hatte. Aber immerhin war ich der erste Kunststoff mit thermoplastischen Eigenschaften, den man in größeren Mengen herstellte und verarbeitete. Man musste im Umgang mit mir, genauer gesagt mit meiner Mischung, außerordentlich vorsichtig sein, besonders wenn Mister Hyatt und sein Bruder mich in ihrer 1872 patentierten Stopfmaschine – mit Sicherheitsventil! – zu Billardkugeln formten, denn ich war eng verwandt mit der Schießbaumwolle, der Nitrozellulose. Du weißt schon: Ein Stoß mit dem Queue – und ich verpuffte! Übrigens, die 10000 Dollar hat Mister Hyatt nie kassiert."

„Ich weiß, du warst bereits als Füllfederhalter und Kamm in aller Hände und Haare, als Dr. Leo Hendrik Baekeland – ein gebürtiger Belgier, der in die USA ging, um mich zu erfinden –, eine Generation später dem Phenolharz mit Füllstoffen, also mir, seinen Namen gab. Ich finde ihn ganz gut: Bakelite, er sprach es natürlich ‚Bäkelait' aus; man hat mich oft auch den ‚Radio-Kunststoff' genannt, weil in den 20er bis 40er Jahren so viele Radiogehäuse aus mir gemacht wurden. Mit mir begann eigentlich Anfang des 20. Jahrhunderts die moderne Kunstharzchemie. Aber hör mal, es ist möglich, dass du viel älter bist, als du denkst, oder vielleicht eine 14 Jahre ältere Schwester hast? Denn schon 1855 hat Alexander Parkes in England an dir oder deiner Schwester herumexperimentiert, ja eine von euch sogar patentieren lassen. Weißt du das denn nicht mehr? Mister Parkes, der geniale Werkstoffmann und Erfinder, der zwar 20 Kinder hatte, aber kein Talent fürs Kaufmännische und deshalb in Konkurs ging. Sag mal, stammt von dir eigentlich auch der Begriff Zellulitis, ich meine, du bist ja schon **seit Mitte des 19. Jahrhunderts** …?"

Noch in den 50er Jahren scherzt man in deutschen Insiderkreisen mit der humorvollen Distanziertheit des Wissenden: „Übrigens, kennen Sie schon das neue Bakelite?", wenn jemand glaubt, auf das Vorhandensein und die Eigenschaften der ihm bis dato unbekannten Kunststoffe hinweisen zu müssen.

Wie es begann? Wenn auch schon anno 1530 im Hause Fugger die erste Rezeptur für einen Kunststoff niedergeschrieben wurde – eine Art Kunsthorn auf der Basis von Kasein –, so ist, was danach kommt, durchaus nicht „alles Käse". Zelluloid und Bakelite (der erste vollsynthetische Kunststoff) sind die ersten thermo- beziehungsweise duroplastischen Polymere, die in größeren Mengen hergestellt und verarbeitet werden können, besonders durch das Urformen im Spritzgießverfahren.

Sie sind die ersten Glieder einer bis heute nicht abreißenden Kette der Entwicklung neuer und modifizierter Polymere: Thermoplaste, Duroplaste und Elastomere, die sich seit den 30er Jahren vom Ersatzstoff – zeitweise sogar zum Teufelszeug erklärt – zum „Wertstoff", zur echten Werkstoff-Alternative, hoch-„polymerisieren" – in vielen Fällen längst die einzige technisch und wirtschaftlich vertretbare Lösung.

Um Werkstoffe in Produkte umzuwandeln, braucht man Verarbeitungsmaschinen und Werkzeuge. Was die Anfänge des Spritzgießens von Kunststoffen vor 1945 angeht, haben Sie dazu schon einiges auf den vorhergehenden Seiten gelesen.

Für den Fall, dass Sie es noch etwas genauer wissen wollen, lesen wir für Sie noch einmal in der Veröffentlichung „Historische Entwicklung der Spritzgießtechnik für Kunststoffe" von Dr. Bock nach; zumindest stichwortartig wollen wir danach einige Stationen der Entwicklung von Spritzgießmaschinen nachvollziehen:

1.2 Die Vorläufer, 1872–1931

Sie sind (zum Teil von Metall-Spritzgießmaschinen abgeleitet) handbetätigt oder mechanisiert, mit und ohne zwangsläufige Folgesteuerung, mit elektrischer Masseaufschmelzung und Kolbeneinspritzung. Dazu zählen:

- 1872 die vertikale Stopfmaschine der Gebrüder Hyatt (USA),
- 1921 die erste senkrechte Hand-Spritzgießmaschine des Berliner Mechanikermeisters Hermann Buchholz, entstanden in Zusammenarbeit mit Arthur Eichengrün, der zwei Jahre zuvor die erste technisch brauchbare Spritzgießmasse (Zelluloseacetat mit Weichmacher) entwickelte,
- 1923/24/25 die ersten Spritzgießmaschinen für thermoplastische Werkstoffe, mit Spindelpressen-Handbetrieb beziehungsweise mit hydraulischem oder pneumatischem Antrieb des Spritzkolbens

durch die Präzisionsgussfabrik Gebr. Eckert, Nürnberg (später Eckert & Ziegler),

- 1926 die erste serienmäßige horizontale Spritzgießmaschine von Eckert & Ziegler, Nürnberg (später in Köln, nach dem 2. Weltkrieg in Weißenburg/Bayern).

1.3 Zeitzeuge: Norbert Mallritz
Metalle, Zelluloid, Bakelite und Polystyrol – alles im Spritzguss

Norbert Mallritz, fiktiver Inhaber einer virtuellen Werkstatt, die in den 20er Jahren des 20. Jahrhunderts im Bayerischen erst Metall- und später Kunststoff-Spritzgießmaschinen baute.

Seine Aufgabe sah er darin, die Erfahrungen auf dem Gebiet des Metallspritzgießens auf das Verarbeiten von Kunststoff, damals Zelluloseacetat, zu übertragen – zu einer Zeit, als es weder geeignete Maschinen noch Materialien dazu gab. Wir lesen auszugsweise in seinen Lebenserinnerungen:

„Der Zufall wollte es, dass eines Tages ein norddeutscher Hersteller von noch explosiveren Stoffen als Zellulosenitrat, dem bekannten Zelluloid, an mich herantrat und mir den Vorschlag machte, eine Maschine zu bauen, mit der man in der Lage sei, das von ihm hergestellte, in der Wärme plastisch werdende Zelluloseacetat – der mit Essig- statt Salpetersäure behandelten Zellulose –, ähnlich dem Metallspritzgussverfahren zu Gegenständen des täglichen Lebens zu verarbeiten. Wegen der ohnehin nicht rosigen Situation, in der sich mein kleines Unternehmen gerade befand, zögerte ich nicht lange und sagte zu.

Der Spritzguss von Metallen war, wie sich bald herausstellte, technisch völlig anders als der von Zelluloseacetat, hatte man doch da die dünn fließende Metallschmelze und jetzt hier die eigentlich sehr zähe Kunststoffschmelze. Nicht zuletzt dank der Betreuung durch die norddeutsche Sprengstofffirma gelang es meinen Mitarbeitern und mir, in kurzer Zeit eine Handmaschine für kleine Artikel von fünf bis acht Gramm und eine größere für Artikel bis 30 Gramm zu bauen, deren Kolben mit Druckluft betrieben wurde. Eine kleine, tüchtige Werkstatt am selben Ort fertigte für uns die Formen dafür.

Ich glaube, dass dies die ersten Spritzgussmaschinen in der Welt waren, die auf den Markt kamen.

Die ersten Teile, die damit hergestellt wurden, waren Hülsen für Füllfederhalter, die man im Spritzguss weit billiger herstellen und anbieten konnte als die aus Zelluloid. Wenn Kunden nicht in der Lage waren, unsere Maschinen zu kaufen, haben wir die gewünschten Artikel für sie gefertigt und geliefert. In diesem Zusammenhang kam ich mit einem vermögenden Herrn in Kontakt, der die Vorstellung hatte, seinen Reichtum durch eine Investition in meine Firma schneller zu vermehren als durch Bankgeschäfte. Es war in der Tat eine schicksalhafte Begegnung, denn das Ergebnis unserer Gespräche war, dass er meinen und den bereits erwähnten, mir befreundeten Formenbaubetrieb erwarb – allerdings unter der Bedingung, dass wir beide Betriebe in seine Nähe verlagern sollten, weil er dort günstigere wirtschaftliche Voraussetzungen für den geschäftlichen Erfolg sah.

So fand ich mich Anfang der 30er Jahre also im Niederrheinischen wieder. Aus den beiden Firmen war eine einzige geworden, deren Geschäftsführer ich wurde. Wenig später aber fassten wir den Entschluss, die Herstellung von Spritzgussartikeln zwar unter einem gemeinsamen Dach zu führen, aber räumlich und juristisch aus der neuen Firma auszugliedern, weil wir ja mit der Spritzgussverarbeitung in Konkurrenz zu den Kunden traten, die unsere Maschinen kauften. Zu jener Zeit waren zirka 80 Leute in beiden Firmen zusammen beschäftigt.

Es gelang mir, einen tüchtigen jungen Ingenieur zu finden, für den die Kunststofftechnik Neuland war und der deshalb mit frischen Ideen an die Weiterentwicklung unserer Spritzgussmaschinen ging. Das war auch notwendig, denn unsere Prospekte mit schön retuschierten Maschinenfotos entsprachen leider nicht ganz der Wirklichkeit und die Maschinen nicht den Bedürfnissen der Artikelhersteller. So war die Geschwindigkeit, mit der die Schmelze vom Kolben in die Form gespritzt, besser gedrückt, wurde, zu niedrig; wir haben damals einfach, wie einer von uns sagte, nach Gefühl und Wellenschlag gearbeitet. Da flogen schon mal falsch berechnete Schrauben von einem Druckluftzylinder und bohrten sich Gott sei Dank nur in die Wand, das heißt, sie waren gar nicht berechnet, sondern eben nach Gefühl ausgewählt worden.

Endlich stand uns eine Maschine zur Verfügung, die zwei Holme hatte und einen von Hand zu betätigenden Kniehebel zum Schließen und Öffnen der Form, was vom Arbeiter an der Maschine einen beträchtlichen körperlichen Einsatz verlangte. Die ganze Maschine kostete in der Zeit nach der Machtergreifung durch die Nationalsozialisten einschließlich der drei Luftflaschen, die als Akkumulator für die Druckluft zur Betätigung des Spritzkolbens dienten, 3500 RM. Rechnete man den Kompressor für 1500 RM hinzu, so erhielt der Spritzgussverarbeiter für 5000 RM eine komplette Anlage, mit der er Artikel bis zu 80 Gramm Gewicht herstellen konnte. Die Maschinen arbeiteten noch lange und zuverlässig nach dem Ende des 2. Weltkrieges. Die Anwendungstechniker in den großen Rohstoffwerken wollten auf diese Maschine lange nicht verzichten, weil sie mit ihr schnell und in einheitlicher Qualität Prüfkörper aus ihren Materialien herstellen konnten.

Wir wären in jener Zeit nicht so erfolgreich gewesen, hätten wir nicht mit den Maschinen auch Formen in gleicher Qualität mitliefern können. Doch auch die Konstruktion von Kunststoff-Spritzgussformen war für uns ein Vorstoß in technisches Neuland, denn unser Wissen um das Verhalten von Kunststoff-

schmelzen war erst am Anfang. Nach den Zellulosemassen und dem Bakelite erlebte das Polystyrol so etwas wie eine Renaissance; man kannte es an sich schon über 100 Jahre, konnte es aber noch nicht richtig verarbeiten. Dieses zwar spröde, aber wenig empfindliche Material verhalf dem Kunststoff und dem Spritzgussverfahren zum Durchbruch."

1.4 Automatische Spritzgießmaschinen 1932–1958
mit Kolbenplastifizierung, elektromechanischem und hydraulischem Antrieb. Dazu zählen:

- 1930 liegende (horizontale) Spritzgießmaschine, wahlweise von Hand oder durch Druckluft betätigt, mit getrennten Einrichtungen zum Betätigen von Formschluss und Spritzkolben, eine „einstellbare halbautomatische" Spritzgießmaschine, durch Eckert & Ziegler, Köln,
- 1932 automatische horizontale Spritzgießmaschine (später ISOMA-Modelle) mit elektromechanischem Antrieb durch Hans Gastrow, Franz Braun AG, Zerbst (Sachsen-Anhalt),
- 1938 Vorläufer der Schnecken-Spritzgießmaschine mit einer den Spritzkolben umhüllenden Förder-/Plastifizierschnecke durch Eckert & Ziegler, Köln,
- 1951 erste Spritzgießmaschine ohne Kolbenzylinder, stattdessen mit Doppelschnecken-Zylinder, durch R. H. Windsor (GB) – die Doppelschnecken-Spritzgießmaschine erzielte ebenso gute Ergebnisse wie die Einschnecken-Maschine, aber der technische Aufwand war wesentlich größer: Man brauchte zwei Axiallager und, wenn auch nur über einen Motor, einen doppelten Schneckenantrieb.
- 1956 erste Einschnecken-Spritzgießmaschine mit Schneckenkolben-Plastifizierung nach dem Patent von Hans Beck (1943/44, BASF, Ludwigshafen); spätestens ab 1958 tritt diese Form der Plastifizierung weltweit ihren Siegeszug an.

Wie man sieht, ist der Begriff der Innovation (entgegen der Wortbedeutung) uralt, sagen wir im lateinischen Wortstamm etwa zweieinhalb Jahrtausende, wenn man die Erfindung des Rades berücksichtigt, noch einmal 2000 Jahre älter. Denkt man dagegen an den Gebrauch der ersten Werkzeuge, ist er so alt wie die Menschheit.

Das zugegeben etwas gewagte Fazit: Die Erfindung der Spritzgießmaschine war im Menschen dank seiner Neugier und seines Forscherdrangs von Anfang an angelegt.

1.5 Zeitzeuge: Walter Heissig
Von Transmissionen, Kolben und Kniehebeln

Walter Heissig, Jahrgang 1929, aktiver Ruheständler mit den Hobbys Kommunalpolitik, Fischzucht und Motorradfahren, war von 1946 bis 1994 bei Ankerwerk Gebr. Goller, Nürnberg beziehungsweise Mannesmann Demag Kunststofftechnik mit unterschiedlichen Aufgaben betraut; zuletzt leitete er die Fertigungssteuerung im Werk Schwaig.

Heissig erinnert sich genau an den Wiederanfang im zerstörten Werk am Nürnberger Rennweg. Für ihn war die Entwicklung von den noch per Transmissionsriemen angetriebenen, alten Werkzeugmaschinen nach dem Krieg bis zum flexiblen Fertigungssystem Anfang der 90er Jahre besonders beeindruckend:

„Mit meiner Familie kam ich 1946 von Mährisch-Ostrau nach Nürnberg und suchte Arbeit. Das Arbeitsamt gab mir den Rat, es beim Ankerwerk Gebr. Goller zu versuchen.

Gesagt, getan: Beim Reingehen lief ich Herbert Goller in die Arme, brachte mein Anliegen vor – und hatte Glück: Am 14. Dezember 1946 wurde ich eingestellt. Es folgte eine Maschinenschlosser-Lehre in der mechanischen Werkstatt, wo noch die Transmissionsriemen der Werkzeugmaschinen surrten. Erst später, nach meiner Ausbildung, bekam ich den Auftrag, die Werkzeugmaschinen auf Einzelantrieb umzubauen. Bis zum ersten flexiblen Fertigungssystem zur vollautomatischen Bearbeitung der Guss-Herzstücke einer Spritzgießmaschine sollten noch mehr als 40 Jahre vergehen.

Herbert Goller gab mir die Möglichkeit, an die Lehre noch eine Ausbildung als technischer Zeichner anzuhängen; später habe ich dann an der Berufsoberschule in vierjährigen Abendkursen den Industriemeister und den Techniker gemacht. Übrigens bin ich auf der Berufsoberschule Richard Herbst begegnet, der 1955 in das Ankerwerk eintrat und ein Jahr später mit Herbert Goller die DVa konstruiert hat.

In der Zeit vor dem 21. Juni 1948, dem Datum der Währungsreform, waren noch Kompensationsgeschäfte an der Tagesordnung, es wurde in Naturalien bezahlt. So gab es dann hin und wieder Nudelpakete oder Aluminiumtöpfe für die Belegschaft, je nachdem, welche Maschine wir gerade überholten. Das Ankerwerk war damals noch hauptsächlich ein universeller Reparaturbetrieb für Maschinen und Anlagen aller Art.

Die Geschichte mit den ISOMA-Ersatzteilen brauche ich ja nicht zu wiederholen, deshalb nur das: Es war zeitweise meine Aufgabe, diese Teile aufzunehmen, das heißt zu zeichnen und die Verzahnung zu berechnen. Wir hatten später eine komplette ISOMA-Maschine im Haus und ich war begeistert von deren Technik: der Planeten-Antrieb der Kniehebel, der Kolbenantrieb über eine doppelgängige Spindel in der Hohlmutter. Wir konnten alles fertigen, erst in

Einzelteilfertigung nach Kundenauftrag, dann in Serie auf Lager: Verstell-spindeln, Muttern, Kolben, kleine Plastifizierzylinder.

Diese Maschine gab Herbert Goller sicher den Anstoß, selbst eine Spritz-gießmaschine zu bauen: die TPA 110, aus der später die SE 50 entstand, der Vorläufer und die Basis der ersten Schneckenmaschine. Die SE 50 hatte zu-nächst noch die schlichte Kolben-Spritzeinheit der TPA-Maschine.

Im Zuge der Weiterentwicklung der TPA-Spritzeinheit stellte sich übrigens heraus, dass hohe Präzision nicht immer das Nonplusultra ist, als wir den Ehr-geiz hatten, den Plastifizierkolben in den Zylinder exakt einzuläppen. Erst nach vielen Kolbenfressern bei Kunden haben wir dem Kolben mit Erfolg dann mehr Spielraum gelassen.

Aus dem zu langsamen Einfach-Kniehebel wurde schrittweise, aber zügig zuerst ein Vierpunkt-, dann ein Fünfpunkt-Kniehebel entwickelt. Das Konstru-ieren und das Umsetzen in die Produktion waren zu jener Zeit noch einfacher: kein großer Organisationsaufwand, es wurde gezeichnet, eine ganz simple Stückliste erstellt, es gab keine Stücklisten-Organisation und Produktions-vereinbarung."

2 Ankerwerk, 1945–1956: Der Beginn mit Kunststoff/Ersatzteile und Kolbenmaschinen

Ein Plastifizierkolben erzählt:

> „Gut, ich weiß, dass ich meine Arbeit tun muss, aber leicht ist es nicht, das können Sie mir glauben. Es macht mir nichts mehr aus, dass mich mein ungewöhnlich kräftiger Kollege Hydraulikzylinder schlagartig nach vorn jagt und mit derselben rohen Gewalt wieder zurückreißt. Inzwischen habe ich mich auch daran gewöhnt, dass meine heißen Kolleginnen, die Heizbänder, und das ebenso heiße Torpedo, mit seinem herrlich gekurvten Verdrängungskörper, mir, respektive diesem Pack von Kunststoffkörnchen, das mir fortwährend die Stirn bietet, kräftig einheizen.
>
> Aber Sie sollten mal sehen, was sich da vor mir im Zylinder abspielt. Diese undurchmischte Masse von kaltem Granulat, angeschmolzenen Körnchen und halbgarer Schmelze – man kann gar nicht so viel plastifizieren – plastifizieren, dass ich nicht lache! –, so viel plastifizieren, wie man spritzen möchte! Aber da muss ich durch, besser: Die so genannte Schmelze muss durch, durch die Düse nämlich ins Werkzeug. Der Mensch, der uns erworben hat und bedient, will ja schließlich Teile haben für sein Geld, ich meine, gute Kunststoffteile, und die nicht zu knapp.“

Der da so meckert – und man kann es ihm nicht mal verdenken –, ist, wie Sie sicher längst gemerkt haben, der Spritzkolben der ersten Spritzgießmaschine, die das Ankerwerk Gebr. Goller soeben in Nürnberg, am Rennweg, gebaut hat. Wir schreiben das Jahr 1950 – die Bundesrepublik Deutschland war gerade mal ein halbes Jahr alt und der wirtschaftliche Aufbau in vollem Gange – natürlich auch bei Herbert Goller und seinem Schwager Norbert Chatelet, den Inhabern des noch jungen Spritzgießmaschinenwerks. Jung bezieht sich auf die Herstellung von Spritzgießmaschinen, denn eigentlich beginnt die Firmengeschichte schon im Jahr 1891 – mit der Fabrikation von elektrischen Apparaten und Beleuchtungsanlagen.

Hans Goller: Alles beginnt im oberfränkischen Leupoldsgrün bei Hof, als am 8. Dezember 1868 – die deutsche Gewerkschaftsbewegung nimmt mit dem „Allgemeinen Deutschen Arbeiterschaftsverband“ ihren Anfang – Hans Goller als Sohn eines Wagner-Ehepaares zur Welt kommt. Er wächst in einer Welt der um ihre Existenz ringenden Weber auf, deren Kampf der sechs Jahre zuvor geborene Gerhart Hauptmann in seinem 1892 uraufgeführten, in Oberschlesien spielenden Drama „Die Weber" so drastisch schildern sollte.

Start: Der junge Hans Goller sieht für sich keine Zukunft in seinem Heimatort und tut das aus seiner Sicht einzig Richtige: Er geht nach Nürnberg mit seiner sich entfaltenden Industrie und tritt dort eine Mechanikerlehre bei der Gießerei Palm an, wird erst Meister, dann Betriebsleiter und endlich selbst Unternehmer – und er holt seine ganze Familie nach Nürnberg, auch die Großeltern.

Doch vor die Nürnberger Lehrzeit haben die Götter der Technik die Wanderschaft gesetzt, die ihn bis nach Norddeutschland führt und während der er in kleineren Betrieben vorübergehend arbeitet. Sogar bei Ernst Abbé, „Optikprofessor" und Teilhaber der optischen Werkstätten Carl Zeiss in Jena, klopft er, allerdings vergebens, an.

Ihn fasziniert die Elektrotechnik. Er eröffnet in der Nürnberger Martin-Richter-Straße mit einem seiner Brüder 1891 eine kleine mechanische Werkstätte, die bald für ihre „Elektrischen Apparate und Beleuchtungsanlagen" bekannt wird. Vier Jahre später wird daraus eine „Elektrotechnische Fabrik", die unter dem Namen „Gebr. Goller" firmiert. Die Gollers bauen in erster Linie Gleichstromdynamos, die in Verbindung mit Akkumulatoren für die Stromerzeugung eingesetzt werden. Nach dem Tod seines Bruders führt Hans Goller das Unternehmen allein weiter; er bemüht sich, die Müller in den Tälern des fränkischen Umlandes für das elektrische Licht zu gewinnen – erzeugt aus eigener Wasserkraft.

Das kleine Unternehmen zieht nach Heroldsberg, gute zehn Kilometer nordöstlich von Nürnberg, nach starker Expansion aber wieder nach Nürnberg, diesmal in den Rennweg.

Ankerwerk: 1922 ist mit der Aufnahme weiterer Erzeugnisse in das Fertigungsprogramm, es waren Anker für Elektromotoren – woher die Firma ihren Namen erhielt –, Stromerzeuger und Motoren für Gleich-, Wechsel- und Drehstrom, Galvano-Maschinen, Umformer und Elektrogebläse, die Größe eines industriellen Betriebes erreicht, der jetzt „Ankerwerk Gebr. Goller, Nürnberg" heißt. Ab 1930 gerät das Ankerwerk durch die sich schnell entwickelnde Wirtschaftskrise (über drei Millionen Arbeitslose im Januar) und den Wettbewerb mit Großfirmen unter Druck, übersteht aber die Krise durch Einbeziehen des Maschinenbaus und die Fertigung elektrischer Farbmühlen, vor allem aber durch die Herstellung von elektrischen Getriebemotoren und Einzelantrieben.

Generationswechsel: 1939 übergibt Hans Goller die Firma an seinen ältesten Sohn Herbert Goller und seinen in Budapest geborenen und dort aufgewachsenen Schwiegersohn Norbert Chatelet (er ist wie Herbert Goller Diplom-Ingenieur). Beide sind seit 1932 beziehungsweise 1936 im Unternehmen tätig und führen dieses ab 1. Juli 1942, jetzt eine OHG, als persönlich haftende Gesellschafter. Beide sind von unterschiedlicher Mentalität und so ergibt sich eine Aufgabenteilung: Goller übernimmt das „Innenressort", während Chatelet nach außen wirkt.

Produktionsprogramm, Werksanlagen und Vertriebssystem werden systematisch ausgebaut; das Ergebnis sind ein wachsender, sehr respektabler Kundenkreis und steigende Umsätze. In Anpassung an die Marktsituation wird der Elektromotorenbau aufgegeben, der Getriebebau aber planmäßig ausgebaut.

Herbert Goller: Er wird am 25. Oktober 1907 in Heroldsberg geboren, macht 1926 in Nürnberg sein Abitur und studiert in den folgenden Jahren Maschinenbau an den THs in München und Zürich.

Sein in Nürnberg geborener Bruder Rudolf Goller studiert Volkswirtschaft, geht später nach Brasilien und baut dort einen der größten Kunststoff verarbeitenden Betriebe auf, in dem auch Anker-Maschinen laufen.

Zäsur: Am 2. Januar 1945 werden das Werk am Rennweg und mit ihm die Fertigungsunterlagen bei einem schweren Luftangriff auf Nürnberg fast völlig zerstört. Nach der Kapitulation im Mai 1945 beginnt ein intensiver Wiederaufbau der Werksanlagen, zum Teil aus selbst hergestelltem Baumaterial; die Gebäude im Hinterhof werden notdürftig mit einem Dach versehen. Der Rennweg war damals noch ein Schuttberg mit einem kleinen Weg in der Straßenmitte.

Gott sei Dank hat die Stammbelegschaft im Krieg nur geringe Verluste erlitten und wie durch ein Wunder sind viele Maschinen noch in brauchbarem Zustand. So kann man zunächst einen kleinen Reparaturbetrieb in Gang bringen, was unter anderem die Jagd nach Rohmaterial einschließt, bei der Herbert Gollers Ehefrau Suzanne – wie damals in fast allen Unternehmerfamilien notwendig und üblich – tatkräftig mithilft. Das Ankerwerk war damals notgedrungen ein universeller Reparaturbetrieb, man führte Generalüberholungen unter anderem an Drehbänken, Shapings, Fräsmaschinen, Pillenpressen, Mälzereigeräten und Nahrungsmittelmaschinen aus.

Suzanne Goller ist gebürtige Bernerin und eine Nichte des Malers Louis Moilliet, der zusammen mit Paul Klee und August Macke die berühmte Tunisreise unternahm. Goller lernte sie während seines Studiums in Zürich kennen und heiratete sie 1936; der Ehe entstammen zwei Töchter und ein Sohn, der Physiker wurde und heute an der Universität Freiburg lehrt. Suzanne Goller starb im Januar 1999.

Herbert Goller, ein Mann mit Lebenshumor übrigens, fühlt sich seinen Mitarbeitern gegenüber sehr stark sozial verpflichtet: Das Zusammenhalten, Betreuen und Unterstützen seiner Mannschaft spiegelt sich zum Beispiel im gemeinsamen Feiern von Festen im Fasching und zu Weihnachten oder im Veranstalten von Rentnerfahrten wider. Eine Haltung, die auf seinen Vater Hans Goller zurückgeht, der in seiner Jugend in Oberfranken erlebt hat, was Armut ist.

Ein Randgebiet, das er mit seiner Mannschaft praktisch und auch finanziell unterstützt, sind archäologische Ausgrabungen steinzeitlicher Funde.

Neubeginn: Das Kapitel „Kunststofftechnik" im Buch des Ankerwerks wurde eigentlich schon im August 1945 aufgeschlagen, als man am Rennweg begann, unbekannte Getriebe-Ersatzteile für einen Erlanger Spritzgießverarbeiter nachzubauen. Die entpuppten sich im Nachhinein als Teile einer ISOMA-Spritzgießmaschine Typ IS 30 der Franz Braun AG, Zerbst (Sachsen-Anhalt), in der damaligen Sowjetzone, die im Westen nicht erhältlich waren. Braun – und Eckert & Ziegler in Köln-Braunsfeld – sind übrigens die ersten Hersteller, die in den 30er Jahren automatische (elektromechanische) Spritzgießmaschinen in Serie gebaut haben. Beide Firmen und ihre Produkte hatten in der Kunststoffbranche einen ausgezeichneten Ruf. Mit Ingenieur Walter Schöber von Braun wird für deren „Westmaschinen" wenig später der Ersatzteildienst für die ISOMA-Typen IS 30, IS 50 und IS 100 aufgebaut.

Im Juni 1948 kommt mit der Währungsreform das ursprüngliche Reparaturgeschäft zum Erliegen. Als Ausgleich wird ein erneuerter Getriebebau in kleinem Umfang aufgenommen: Die Produkte sind Untersetzungsgetriebe für Fabriktore – zum Beispiel bei Mercedes, für das Anheben von zu wägenden Bahnwaggons oder für Kräne. Damit und mit dem ISOMA-Ersatzteilgeschäft ist die Grundlage für den Fortbestand und die „zügige Wiedereingliederung in den industriellen Wirtschaftsgang" des Betriebes gesichert, wie es in einem alten Ankerwerk-Text heißt.

Maschinenzeit: Mit dem Bau der Ersatzteile kommen die Kenntnisse der Spritzgießmaschinen und -verfahren – und werden umgesetzt. Das technische Wissen und der unternehmerische Mut von Goller und Chatelet geben, obwohl eigentlich völliges Neuland, den Anstoß zur Entwicklung und Eigenfertigung einer Spritzgießmaschine mit einem konventionellen Kolbenzylinder und hydraulischem Antrieb. Die erste Spritzgießmaschine, die bei Goller läuft, ist allerdings eine ausgebrannte und generalüberholte ISOMA IS 30. Dann folgt Anfang 1949 eine Maschine mit Wasserhydraulik; sie läuft zwar, aber mit „wenig Wirkung". Die Wasserhydraulik ist nicht dicht zu bekommen und die Maschine geht auch nicht an einen Kunden, sondern wird später verschrottet.

1949 entwickelt und baut Ankerwerk die erste „richtige" Spritzgießmaschine, eine TPA 110 mit Plastifizierkolben und 110 Tonnen Schließkraft (TPA steht für Thermoplast-Automat), die man im Frühjahr 1950 auf der Frankfurter Messe vorstellt; schon das zweite Exemplar geht nach Pakistan. Sie und ihre Nachfolgemodelle – in kurzer Folge entstehen TPA-Versionen mit 45, 80 und 200 Tonnen Schließkraft – werden ein technischer und wirtschaftlicher Erfolg: Mit den drei Produktbereichen Getriebe, ISOMA-Ersatzteile und Spritzgießmaschinen wächst das Ankerwerk schnell über seinen Vorkriegsumfang hinaus.

Die ersten Kolbenmaschinen werden 1950 geliefert an: R. Bosch/ Stuttgart, Anorgana/Gendorf, Bayerisches Spritzgießwerk/Dachau, Möbius & Ruppert/Erlangen, BASF/Ludwigshafen.

Kolbentechnik: Die TPA 110 hat, wie die anderen Typen dieser Baureihe (TPA 90, TPA 200, TPA 600) einen „direkten hydraulischen Formschluss über zwei Holme und mit 110000 Kilogramm Schließdruck, der alle störungsanfälligen Zwischenmechanismen vermeidet". So kritisch urteilt der damalige Prospekt über den Kniehebel, der sich wenig später als das Anker-typische Formschlusselement über Jahrzehnte durchsetzen wird. Über die Kolbenplastifizierung sagt dieselbe Schrift aus: „Die relativ große hydraulische Kolbenkraft erreicht eine kräftige, rasche und über den ganzen Kolbenweg gleichmäßige Einspritzung mit konstantem Nachdruck in voller Höhe."

Kniehebel-Fortschritt: Ein weiterer Entwicklungssprung war 1954 der Einfach-Kniehebel der SE 50 (SE wie Schließeinheit), die später Plattform für die Entwicklung der Schneckenkolben-Maschine ist; die ursprüngliche Direkthydraulik stellt sich nämlich als „Energiefresser" heraus. Zunächst hat die Maschine die Einfach-Spritzeinheit der TPA 110; die wird dann weiterentwickelt – mit einem beheizten, so genannten Torpedo im Plastifizierzylinder, zur Innentemperierung und besseren Plastifizierung der Masse.

Der erwähnte Einfach-Kniehebel ist auf Dauer zu langsam; Filmaufnahmen, die Anker-Mitarbeiter in den USA von Spritzgießmaschinen mit Mehrfach-Kniehebel machten, zeigen dies erschreckend deutlich. Konsequenterweise gelingt dem damaligen Entwicklungschef Ulrich Gerwalt mit der Entwicklung Nr. KEW 67 der Durchbruch zum schnellen, Energie sparenden Vierpunkt- und später zum Fünfpunkt-Doppelkniehebel.

Zirka 500 Maschinen in vier „Kolben"-Baureihen mit neun unterschiedlichen Typen von 25 bis 370 Tonnen Schließkraft, teils mit direkthydraulischem, teils mit Kniehebel-Antrieb der Schließeinheit, werden von 1950 bis 1956 gebaut, Bestseller ist die SE 50/75 (mit Kniehebel und 60 Tonnen Schließkraft) mit 224 Stück. Sie wird Basis für die erste Schneckenkolben-Maschine.

2.1 Zeitzeuge: Ernst Fischer
Ein Kunde der ersten Stunde
Ernst Fischer, Geschäftsführender Gesellschafter der Firma Möbius & Ruppert KG, Erlangen, Hersteller von Artikeln für den Schul- und Bürobedarf – Anker-Kunde der ersten Stunde.

Mit erstaunlicher Präzision erinnert er sich, ohne schriftliche Unterlagen zu Hilfe zu nehmen, an die bei Ankerwerk Gebr. Goller, Nürnberg seit 1950 gekauften Spritzgießmaschinen:

„Mein Vater, Josef Fischer, war einer der Impulsgeber für die Kunststoff-Aktivitäten des Ankerwerks. Er besaß 1945 mehrere ISOMA-Maschinen von Braun in Zerbst – für die damalige Zeit übrigens hervorragende Produkte mit wirklich guter Technik –, für die er dringend Ersatzteile brauchte. Die aber waren weder im Westen und erst recht nicht in der Ostzone zu beschaffen. Also nahm mein Vater Kontakt zum Ankerwerk Gebr. Goller in Nürnberg auf, das ihm als namhafte Getriebe- und Maschinenbaufirma bekannt war, um die dringend benötigten Ersatzteile herstellen zu lassen. Ich war damals noch ein Schulbub, erinnere mich aber noch sehr gut daran. Es war eine gute Entscheidung, denn man hat bei Anker die Teile gezeichnet und zu unserer vollsten Zufriedenheit nachgebaut, will sagen, sie funktionierten einwandfrei. So konnte mein Vater die Produktion – er spritzte in erster Linie Bleistiftspitzer und Zeichenhilfsmittel wie Lineale und Dreiecke – mit diesen Maschinen aufrechterhalten.

Im Jahr 1950 bekamen wir eine der drei ersten Anker-Kolbenmaschinen Typ TPA 110; die hatte eine Ölhydraulik mit Niederdruckpumpe, meines Wissens von Firma Leistritz in Stadeln, und eine Hochdruckpumpe – an den Hersteller erinnere ich mich nicht mehr. Schließeinheit und Spritzkolben waren direkthydraulisch angetrieben. Die Bleistiftspitzer, die wir darauf spritzten, funktionierten einwandfrei. Mehr noch, die ganze Maschine lief tadellos bis in die Mitte der 60er Jahre. Aber noch nicht vollautomatisch, vielmehr wurde der Zyklus nach Entnehmen des Spritzlings von Hand durch Schließen der Schutztür eingeleitet; die Maschinenzeiten waren über eine Schaltuhr gesteuert. Zwischen 1950 und 1965 hat Möbius & Ruppert dann noch weitere Anker-Maschinen gekauft: drei Kolbenmaschinen SE 50/75, die 60 Tonnen Schließkraft über einen Kniehebel aufbrachten, eine DV 10-50, eines der allerersten

Exemplare der ersten Einschneckenmaschine der Welt. Dann kommen lauter Schneckenmaschinen, eine V 20-140, zwei V 14-60, von der meines Wissens fast 300 Stück gebaut wurden, ab Mitte der 60er Jahre dann zwei A 26-100, zwei A 36-150 und schon Ende der 60er zwei A 46-225; 1975 kam dann die neu entwickelte D-Reihe auf den Markt, mit der wir unsere Anker/Demag-Reihe bis zu einer ganz neuen Ergotech im Jahr 1998 fortgesetzt haben.

Im Grunde hat Möbius & Ruppert den Spritzgießmaschinen und Ersatzteilen aus Nürnberg, Schwaig und seit einiger Zeit auch aus Wiehe schon mehr als 55 Jahre die Treue gehalten; eigentlich spricht das für die Qualität und die Kontinuität beider Partner im Spritzgießgeschäft."

3 Ankerwerk 1956–1970: Zeit der Neuerungen/Technische Pionierleistungen

3.1 Zeitzeuge: Richard Herbst
Der Fortschritt ist eine Schnecke

Richard Herbst, Inhaber der Firma HEKUMA Herbst Maschinenbau GmbH, Eching, Konstrukteur der Anker DVa, der ersten Einschnecken-Spritzgießmaschine der Welt.

Für ihn und alle Beteiligten beim Ankerwerk Gebr. Goller, Nürnberg, war die Entwicklung der ersten Schneckenkolben-Maschine Mitte der 50er Jahre eher technischer Alltag als revolutionäre Entwicklung:

„Ja, was wollte ich werden: Ingenieur, Pilot oder ,Elektriker'! Damals, 1948, war es nicht einfach, eine Lehrstelle zu bekommen. Mir bot sich aber die Chance zu einer Schlosser-/Werkzeugmacherlehre bei einem Nürnberger Unternehmen, nach der sich für mich – durch die erfolgreiche Arbeit an einem Modell – die Berufsweiche in Richtung Konstrukteur stellte. In der Nürnberger Berufsober-schule holte ich mir durch eine Technikerausbildung das weitere Rüstzeug dazu – und konnte tatsächlich am 15. August 1955 beim Ankerwerk Gebr. Goller, Nürnberg, als Konstrukteur anfangen.

In der angenehmen Atmosphäre eines kleinen Teams war meine erste Auf-gabe die Konstruktion einer kleinen Spritzgießmaschine, der SE 35 (40 Tonnen Schließkraft). Es sollte eine relativ einfache Maschine werden, mit deren we-sentlichen Elementen, unter anderem Einfach-Kniehebel und Kolbenplastifizie-rung, ich das erste Mal in Berührung kam. Es gab bereits das in der Schließ-kraft höhere Modell gleicher Bauart, die SE 50/75 mit 60 Tonnen. Was ich erst später erkannt habe: der hohe Wirkungsgrad und der Spaß, mit dem wir da-mals, wie vielleicht nie mehr später, gearbeitet haben.

Nach Abschluss der Arbeiten an der SE 35 – von ihr wurden, glaube ich, bis 1960 über 100 Stück verkauft – kam eines Tages Herbert Goller zu mir und sagte, er möchte jetzt gern ,etwas Besonderes' haben und seine Vorstellungen seien so und so und ich solle das einmal auf dem Papier umsetzen: Das Ergebnis war die Schneckenkolben-Plastifizierung. Goller, der übrigens ein ausgezeich-neter Konstrukteur war, von dem ich viel gelernt habe, kam in aller Regel direkt zu einem ans Brett, um das Konstruierte durchzusprechen. Er kapselte sich aber bis zu einem gewissen Grad ab, wenn er mit einem konstruktiven Problem schwanger ging, was, wie ich meine, einfach zu einem guten Konstrukteur gehört. Er hatte seine eigene Methode, Dinge immer wieder zu drehen und zu wenden, also von allen Seiten zu betrachten und sie in Frage zu stellen. Letzt-lich gab diese Denkweise auch den Anstoß zur Schneckenplastifizierung, weil er mit der gegebenen Kolbenplastifizierung unzufrieden war. Ich glaube, dass dies kein Zufall, sondern eine zwangsläufige Entwicklung war. Er muss damals in irgendeiner Weise auf das becksche Patent gestoßen sein, er kam jedenfalls mit entsprechenden Skizzen zu mir. Hilfestellung von außen bekamen wir durch Ernst Friedrich, Leiter der Anwendungstechnik von Röhm & Haas in Darmstadt und Experte für Extruderschnecken: Er hat uns bei der Auslegung der Geometrie beraten, wobei wir ihm unsere Annahmen der erforderlichen Spritzdrücke lieferten, ohne zu wissen, wie wir wirklich liegen würden.

Nun, das Ganze wurde relativ schnell umgesetzt, das heißt, die Schneckenplastifizierung ist mit einer SE 50 kombiniert worden, die ansonsten unverändert blieb, eine relativ unproblematische Anpassung also. Wir nannten die erste Maschine Typ DVa, wobei das „V" sowohl für Versuch als auch für „Vickers" stehen kann; wir hatten nämlich für die Hydraulik eine Vickers Axialkolben-Verstellpumpe eingesetzt, mit der es immer wieder Probleme mit Rissen im Block selbst gab – vermutlich durch die sich aufbauenden hohen Drücke in der Nullstellung.

Dann kamen der Tag X und die Stunde Null: ‚Am kommenden Samstag wird die Maschine zum ersten Mal eingeschaltet', legte Herr Goller im Frühjahr 1956 fest. Zu diesem ersten Spritzversuch kam auch Hans Beck, dem ich von Herrn Goller mit den Worten vorgestellt wurde: ‚Das ist der Mann, der das Ganze gezeichnet hat – ohne einen einzigen Fehler', was nicht stimmte, es war mir doch ein Fehler hineingeraten. An diesem Samstag, an das genaue Datum kann ich nicht mehr erinnern, haben wir gegen zehn Uhr die Maschine wirklich zum allerersten Mal eingeschaltet, den ersten Becher Polystyrol in den Trichter gefüllt und … der erste Schuss in die Testform, eine Schüssel, war zwar noch nicht ganz optimal, aber es kam auf jeden Fall vorne was raus! Aber auch bei anderen Materialien? Wir haben noch am selben Tag einen Kunststoff nach dem anderen erprobt: zum Beispiel Luran, also SAN, mit der Kolbenplastifizierung schwer aufzuschmelzen, mit der Schnecke aber ohne Probleme!

An den folgenden Samstagen wurden Farbwechsel durchgeführt, auf Anhieb absolut überzeugend! Weitere Versuche mit einem Ventilelement, das wir der Schnecke aufsetzten, folgten; der erste Zylinder war noch ohne Verschluss und konnte bei einigen Materialien die erforderlichen Spritzdrücke nicht halten: Die Rückströmsperre war entwickelt und funktionierte.

Wir waren uns intern darüber im Klaren, nein, wir waren sogar davon überzeugt, dass die Schneckenplastifizierung das einzig Richtige ist, waren uns zu jener Zeit aber aus einer Reihe von Gründen unsicher, ob der Markt diese Innovation akzeptieren würde – er hat, wenn auch anfangs zögernd!

Dann erinnere ich mich noch an zwei Themen, die uns damals bewegten, die aber nichts mit dem Spritzgießen zu tun haben und heute wie aus einer anderen Welt zu sein scheinen: die Diskussion, ob der Mensch überhaupt hinaus *darf in den Weltraum, was von der katholischen Kirche in Frage gestellt wurde. Und ob es möglich sein würde, Schachspiele mit dem Computer zu simulieren; dabei war die Argumentation der Wissenschaftler: ‚Das wird es niemals geben!', denn anhand der notwendigen Verknüpfungen ergäbe sich ein Raumbedarf von der Größe des Empire-State-Buildings, der Stromverbrauch werde dem der Stadt New York entsprechen – im Grunde also die auch heute noch aktuelle Diskussion, ob der Mensch alles Machbare auch machen darf."*

Ein Schneckenkolben erzählt:

„Meine Existenz habe ich eigentlich dem ‚Schnecken-Beck', wie Hans Beck auch scherzhaft genannt wurde, zu verdanken, der bereits 1943/44 die Idee einer neuen Art der Plastifizierung verfolgte. Er führte bei der BASF Ludwigshafen jene Untersuchungen durch, die der Kolben-Spritzgießmaschine eine völlig neue Einspritzeinheit bescheren sollten: mich nämlich, den Schneckenkolben. Ich bin ein Maschinenelement mit der Doppelfunktion ‚Plastifizieren' und ‚Einspritzen'. Wobei mich die Engländer, viel deutlicher als die hier ausnahmsweise mal unpräzisen Deutschen, ‚reciprocating screw' nennen, was besagt, dass es sich bei mir eigentlich um eine reversierende archimedische Schraube handelt – vielleicht wäre ‚Schraubenkolben' eine gute Bezeichnung im Deutschen. Auch bewege ich mich keineswegs im Schneckentempo, wie Sie sicher wissen.

Eigentlich aber gibt es mich, die Schnecke, schon viel länger: Schon im Altertum habe ich zum Beispiel römische Bergwerke entwässert und im 18. Jahrhundert sogar Feststoffe, wie Getreide und Mehl, transportiert. Aber so richtig zum Einsatz in einer Spritzgießmaschine als Schneckenkolben bin ich erst dank Herbert Goller in seinem Ankerwerk in Nürnberg im Frühjahr 1956 gekommen.

Vom Techniker werde ich dem Nichttechniker à la ‚Physik für die Hausfrau' mit dem Prinzip des Fleischwolfs erklärt, was sofort einleuchtet, wenn man sich statt der Fleischbrocken Kunststoffkörnchen denkt. Wenn aber dann die axiale, reversierende Bewegung der Schnecke, das Hin und Her des Schneckenkolbens, erläutert werden soll, hat der Fleischwolf ausgedient.

Denn mein eigentliches Geheimnis ist, dass ich, als Single sozusagen, in einem Arbeitsgang die Kunststoffkörnchen in den mich umgebenden Zylinder und in meine Gänge einziehe, sie verdichte, zu meiner Spitze hin fördere, dabei gleichzeitig aufschmelze und ihren Druck erhöhe. Dabei drehe ich mich natürlich ständig um meine eigene Achse, so wie in einem Extruder. Aber ich kann mehr: Wenn die Körnchen dann so richtig gleichmäßig plastifiziert und durchmischt sind – und ich kann das erheblich besser als der olle Kolben –, dann jage ich diese Schmelze, ratzfatz! mit Druck und Tempo durch die Düse vorn im Zylinder in die Form."

Sie hat natürlich wie immer Recht, die Schnecke. Bloß hat sie vergessen, dass sie sich zum Einspritzen nur deshalb nach vorn bewegen kann, weil sie beim Plastifizieren durch das sich vor ihrer Spitze sammelnde Schmelzepolster nach hinten geschoben wurde – das sollte mit allem Staudruck hier noch gesagt werden. Womit selbstverständlich noch nicht alles über die Schnecke gesagt ist, deshalb an dieser Stelle noch einige Aussagen zum Prinzip der Schneckenplastifizierung, nach Dieter Bock, den wir bereits zur Spritzgießmaschinen-Historie zitiert haben:

- Die Scherwärme liefert den größten Teil der zur Plastifizierung notwendigen Energie,
- die Schmelze wird ständig bewegt, durchmischt und dadurch homogen,
- Druckverluste in Massezylinder und Anguss werden erheblich reduziert,
- die schnelle Energieeinbringung verkürzt die Verweilzeit des Materials im Zylinder deutlich,
- der maximale Spritzdruck kann verringert werden und
- das Schussvolumen bleibt konstant,

auch bei auf Kolbenmaschinen nur schwer oder gar nicht zu verarbeitenden Kunststoffen.

Anmerkungen von Herbert Goller zur Schnecke: Grundlegende Aussagen zur Schnecken-Spritzgießmaschine macht Herbert Goller bereits in seinem Vortrag „Schmelzeführung im Plastifizierzylinder einer Schnecken-Spritzgussmaschine", den er 1960 im Rahmen eines VDI-Arbeitskreises bei der BASF hält:

„Die Schnecken-Spritzgussmaschine erweitert quantitativ, qualitativ und im Anwendungsbereich die spritztechnischen Möglichkeiten in einem überraschenden Ausmaß, wie es die Deutsche Kunststoffmesse Düsseldorf 1959 deutlich veranschaulicht hat. … Leitfaden dieser Betrachtung ist der Kern des Verfahrens: die Schmelzeführung im Schneckenzylinder. Darunter wird verstanden: die streng gesteuerte Transformation des Rohstoffes zum Fertigteil mit der entscheidenden Aufgabe, die Eigenschaften des Stoffes voll zu erhalten. … Das hier zu behandelnde Verfahren hat die spezielle Aufgabe, die Eigenschaften, die einem Kunststoff auferlegt wurden, durch einen Formveränderungsprozess, bei dem sie leicht zerstörbar sind, unzerstört hindurchzuführen."

Vor Beschreibung der Herstellung eines Waschlaugenbehälters aus PVC-hart, was mit einer Kolbenmaschine nicht möglich war, sagt er: *„… dass Kunststoff mit hochwertigen Eigenschaften sehr wohl Konstruktionsmaterial für technische Teile mit hochwertigen Eigenschaften sein kann, vorausgesetzt, dass er hochwertig verarbeitet wird."*

Und zum physikalischen Prozess im Schneckenzylinder meint Goller: *„Die Spritzgussmaschine muss den Eigenarten der Masse so eng wie möglich angepasst werden, um nicht nur Formteile schlechthin zu erzeugen, sondern solche, die geforderte Testeigenschaften bei wirtschaftlicher Herstellungsweise erfüllen. Bis heute nähert sich die Einschnecken-Spritzgussmaschine dieser Idealmaschine am nächsten."*

Vielleicht sollten wir auch noch einige Erinnerungen von Richard Herbst nachtragen:

Rückströmsperre: *„Zum Beispiel stellt sich bei den Versuchen mit der Rückströmsperre (RSP) heraus, dass im Prinzip auch Polyamid und weitere Materialien ohne RSP zu spritzen sind – weil genaue Messungen der jeweiligen Ausbringungsfaktoren, wie Wärmeausdehnungszahl und Leckverluste, dies bestätigen. Aber die RSP existierte nun mal und machte manches einfacher, deshalb wird sie bei den Versuchen generell eingesetzt."*

Schnecke: *„Nach und nach legt man Schneckengeometrien für zwei Materialbereiche fest, weitere RSPs und Zylinderverschlüsse kommen hinzu. PVC kann auch ohne RSP verarbeitet werden, mit einer von Herbst ‚ausgeknobelten', spiraligen Schneckenspitze, bei der die Steigung über den immer kleiner werdenden Durchmesser gleich bleibt, um ein ideales Ausspülen des Kopfes in der vorderen Stellung zu erreichen."*

Antrieb: *„Der Schneckenantrieb, ein Fehlstrom-Kurzschlussläufer-Motor über Getriebe (aus dem Anker-Getriebebau), hat sich bereits in anderen Anwendungen mit dem Vorteil eines starren Drehzahlverhaltens bewährt. Nur schlägt dieser Vorteil anfangs bei Schnecken mit kleinen Durchmessern ins Gegenteil um – sie werden relativ leicht abgedreht. Darüber hinaus führt das nachteilige Auswechseln der Zahnräder zur Drehzahl-Anpassung an die Materialien auf längere Sicht zum hydraulischen Schneckenantrieb."*

Noch einmal Richard Herbst – zum Erfolg der Schneckenplastifizierung:

„Wir waren uns zu jener Zeit unsicher, wie sich die Einschnecken-Spritzgießmaschine durchsetzen würde. Wir waren uns intern darüber im Klaren, dass dieses Prinzip das einzig Richtige ist, nur hat der Markt die Schneckenplastifizierung nicht in dem erhofften Maß akzeptiert – und zwar deswegen, weil sie der Wettbewerb so nicht akzeptiert und dagegen argumentiert hat. Für eine so kleine Firma, wie es das Ankerwerk damals war, war es nicht leicht, sich durchzusetzen. Es war für uns damals erstaunlich, mit welchen Argumenten

man versuchte, den Nachbau zu vermeiden. Doch ist das Einschnecken-Prinzip dann mehr oder weniger unter dem Druck der Verarbeiter durchgesetzt worden, weil seine Vorteile einfach überzeugend waren. Gerade bei der Verarbeitung von PVC-hart, damals der kostengünstigste Kunststoff und enorm verbreitet, die auf Kolbenmaschinen nicht möglich war. Und bis 1960 hatte sich die Schneckenplastifizierung weltweit und endgültig durchgesetzt."

Wie gesagt: 1956 gelingt es dem Ankerwerk Gebr. Goller, Nürnberg, die Leistungsgrenze des konventionellen Spritzgießverfahrens durch Inbetriebnahme der ersten Einschnecken-Spritzgießmaschine der Welt zu überwinden. Deren Schneckenplastifizierung ist nach dem Schneckenkolben-Prinzip konstruiert (Hans Beck, BASF, DRP 858 310, 1943, erst 1952 bekannt gemacht; 1952/53 durch zwei weitere Patente ergänzt). Obwohl nur als Versuchsmaschine gedacht, erweist sie sich als voll funktions- und leistungsfähig.

Nach vorübergehendem Versuchsbetrieb bei Hans Beck in der AWETA der BASF Ludwigshafen läuft die Maschine mit der Plastifiziereinheit SC 50-I und der Serien-Nummer 21 336 seit November 1957 bei der Otto Single KG, Presswerk Schwaben, in Plochingen am Neckar. 1964 wird sie, nach Jahren im Dreischichtbetrieb laufend, vom Ankerwerk zurückgekauft, voll funktionsfähig an das Deutsche Museum in München übergeben und dort in der Abteilung Chemische Technik ausgestellt. Sie befindet sich heute, in einer Spezialkiste vakuumverpackt, im Depot dieses größten deutschen Technikmuseums.

Die ersten DVa-Maschinen (Vorläufer der DV10-50 mit 500 Kilonewton Schließkraft) gehen 1957 an: Presswerk Schwaben/Plochingen, Josef Wischerath/Köln; die ersten DV10-50 werden 1957 geliefert an: Beck & Söhne/Kassel, Dynamit Nobel/Köln, Ehrenreich/Düsseldorf, Matthias Öchsler/Ansbach; eine erste DV 16-450 erhielt 1957 H. Moeller KG/Bad Schwalbach.

Mit dieser Pioniertat begründet Ankerwerk seine Weltgeltung auf dem Gebiet der Kunststoff-Spritzgießtechnik. Die neue Konstruktion bringt einen großen geschäftlichen Aufschwung mit sich; unter anderem bauten Lizenznehmer in Japan und den USA die ANKER®-Spritzgießmaschinen.

Und wie geht es weiter? In Kurzform: Krauss-Maffei: 1957 geht Ankerwerk eine produktive und erfolgreiche Zusammenarbeit mit der Krauss-Maffei AG, München, ein, aus der eine Expansion der Lieferkapazität und eine Ausdehnung des Maschinenprogramms bis 3000 Tonnen Schließkraft hervorgehen. In den folgenden Jahren entwickelt sich Ankerwerk zu einem der renommiertesten Spritzgießmaschinen-Hersteller der Welt mit einem beachtlichen Marktanteil.

Demag: 1965 Abschluss eines Kooperationsvertrages zwischen der Demag AG, Duisburg, und Ankerwerk Gebr. Goller, Nürnberg, über die Herstellung, die Entwicklung und den Vertrieb von Spritzgießmaschinen und Extrudern.

1967　Am 1. Oktober wird die OHG in die Ankerwerk Nürnberg GmbH umgewandelt. Gleichzeitig übernimmt die Demag AG 50 Prozent der Anteile an der Gesellschaft. Mit diesem Zusammenschluss wird der gesamte Verkauf des Spritzgießmaschinen-Programms von Ankerwerk Nürnberg übernommen. Gefertigt werden die Maschinen in den Produktionsstätten von Ankerwerk Nürnberg GmbH und der Demag AG.

1968　Durch den Vertrag vom 30. September erhöht die Demag AG ihre Beteiligung an der Ankerwerk Nürnberg GmbH auf 76 Prozent.

1969　Durch den Zusammenschluss mit der Demag AG und durch die gute Konjunkturlage steigt der Auftragseingang 1968/69 stark an. Zur Abwicklung dieses Auftragseingangs und für das Erreichen des angestrebten Zieles einer weiteren Erhöhung des Marktanteils wird folgendes Bauprogramm in Angriff genommen: Erweiterung der Fabrikationsstätten in Schwaig bei Nürnberg, Verlegung der mechanischen Fertigung vom Stammwerk in Nürnberg in die neu erbauten Hallen nach Schwaig, Neueinrichtung und Erweiterung eines Technikums für Kundenvorführung und eines Entwicklungstechnikums sowie Einrichtung des Kundendienstes einschließlich Ersatzteillager im Nürnberger Stammwerk.

Anker-Leistungen ganz kurz:

1960　Erster Kunden-Lehrgang für Spritzgießtechnik.

1961　Erste Verarbeitung von Elastomeren auf ANKER®-Schnecken-Spritzgießmaschinen (System Kaltkanal ANKERWERK®).

1963　Erste Verarbeitung von Duroplasten auf ANKER®-Schnecken-Spritzgießmaschinen.

1967　Entwicklung eines rechneroptimierten Fünfpunkt-Doppelkniehebels.

4 Demag Kunststofftechnik – Zusammenführung der Unternehmen

4.1 Die 70er Jahre: Anker – Stübbe – Mannesmann-Meer – Demag-Extrusion – Anker PUR/Konsolidierung und Innovation

Nach der Zusammenführung der Kunststofftechnik-Aktivitäten der Demag AG diskutieren drei Spritzgießmaschinen, eine Anker A 26-100, eine Stübbe SKM 76 und eine Mannesmann MSH 3/20 (Mannesmann-Meer), dann mischen sich noch ein Demag-Extruder und eine Anker-Reaktionsspritzgießanlage (PUR) ein:

> Anker A 26-100: „Herzlich willkommen meine lieben Kolleginnen und Kollegen, hier am Rennweg in Nürnberg, der Heimat der Anker-Maschinen! Als Dienstälteste und Orts-An-, nicht -Aufsässige, hahaha, erlaube ich mir, unser erstes Kunststoff-Nachmittagsgespräch zu eröffnen. Das erste einer ganzen Reihe regelmäßiger und hoffentlich harmonischer Treffen, bei denen wir uns besser kennen lernen und unsere Eigenarten und Verhaltensweisen besser aneinander anpassen wollen – wie bitte? … sollen? – na gut, dann eben sollen. Aber wollen finde ich positiver, denn wir sollen, äääh, wollen ja künftig gemeinsam unter einem Dach, nämlich dem der Demag Kunststofftechnik GmbH, miteinander kommunizieren und arbeiten. Ich darf noch ergänzen, dass unsere Kollegin, die Demag-Großmaschine aus Duisburg, an diesem Treffen nicht teilnehmen kann, weil sie erkältet ist, wobei sie natürlich auch nur verschnupft sein kann – aber das wird sich regeln.
>
> Und weil ich so schön im Schmelzefluss bin, stelle ich mich gleich selbst vor – über das Spritzgießverfahren selbst brauchen wir ja wohl nicht zu sprechen: Ich bin eine Anker A 26-100, ein direkter Nachkomme – was ist denn schon wieder? … Nachfolgerin? … Ach Sie meinen wegen der Emanzipation der Maschine gegenüber dem Automaten, na gut, also ich bin eine der direkten Nachfolgerinnen der allerersten Einschnecken-Spritzgießmaschine der Welt (Rufe: ‚Hört, hört!‘), der DV 10-50, von der zwischen 1956 und 58 rund 80 Stück gebaut wurden, die wiederum von der Kolbenmaschine SE 50 abstammt. Ich schließe die Form mit der Kraft von 100000 Kilopond, halte aber mit 110000 Kilopond über vier Holme und – schon seit 1965 – über einen hydraulisch betätigten Fünfpunkt-Doppelkniehebel zu; mein Hydrauliksystem hat 140 Kilopond/Quadrat-

meter Betriebsdruck. Die Schnecke wird für das Plastifizieren über ein Zahnrad-Wechselgetriebe elektrisch in Drehung versetzt; ich habe je einen Plastifizierzylinder mit je drei respektive zwei Schneckengrößen für Thermoplaste, Elastomere und Duroplaste; so kann ich im Schnitt 60 Kilogramm/Stunde Polystyrol für Spritzteile von durchschnittlich 140 Gramm Gewicht plastifizieren. Und ich besitze eine Menge Zusatzeinrichtungen, ZEs, zum Beispiel für das Drehen der Schnecke im Nachdruck oder einen verzögerten Plastifizierbeginn, für eine gestaffelte Spritzgeschwindigkeit, dann einen hydraulischen Spritzzylinder für erhöhte Einspritzkraft, ein bis vier Kernzüge in Parallel- und Reihenschaltung und sogar eine kontaktlose Steuerung – ich glaube es sind über 30 ZEs für nahezu alle Anwendungsfälle, die im Spritzgießen möglich sind. Diese prinzipiellen Eigenschaften teile ich übrigens im Wesentlichen mit meinen vielen Kolleginnen derselben Marke, die über Zuhaltekräfte von 12000 bis 550000 Kilopond verfügen."

Stübbe SKM 76: „Toll, liebe Anker-Kollegin, hört sich gut an, und wir wissen natürlich von Ihrem Welt-Innovationshit von 1956, das sei Ihnen auch unbenommen. Aber wir als ‚Hydraulische Spritzgießautomaten mit Schneckenkolben‘ von Stübbe sind auch nicht von gestern, sondern erst mal aus Kalldorf, nicht weit weg von der Porta Westfalica, wo die Weser aus dem Weserbergland in die Norddeutsche Tiefebene strömt. ‚Ruh Dich aus im Kalletal‘, so steht es auf Schildern an der Straße nach Kalldorf, was natürlich für die Touristen gedacht ist, wir leben dagegen mehr für die Schönheit der Technik.

Das mit den ‚Hydraulischen Spritzgießautomaten‘ könnte übrigens zu Missverständnissen führen, wir haben auch Kniehebel wie Sie, hydraulisch angetrieben eben, und auch sonst kann man sagen: ‚Wie sich die Bilder gleichen!‘ Wir beide schließen und halten das Werkzeug mit derselben Kraft, haben vier Säulen, und und und – nur, wir in Kalldorf drehen die Schnecke schon mit einem Ölmotor und sind deshalb flexibler und schneller bei der Drehzahlanpassung an das Material. Aber so viel ich weiß gibt es ja auch bei Ihnen …"

Anker A 26-100: „… Ölmotoren für die Schneckendrehung, wollten Sie sagen? Richtig, zwei jüngere Kolleginnen, die A 8-25 und die A 16-50, machen auch in Öl, aber Sie wissen ja, alles hat seine Vor- und Nachteile: Die Ölmotoren sind weniger durchzugsstark und brauchen insgesamt mehr Energie. Aber ich habe Sie unterbrochen, liebe Stübbe-Kollegin."

Stübbe SKM 76: „Macht nichts. Ich wollte nur noch hinzufügen, dass wir offensichtlich auf nahezu gleichem Entwicklungs- und Leistungsstand sind, wie erfreulich. Natürlich haben wir einen etwas anderen Kundenkreis, auf den Rücksicht zu nehmen ist. Und auch meine Kalldorfer

Kolleginnen sind wie die Ihren in die Breite gegangen, äääh, ich meine auch wir haben eine breite Größenpalette, nämlich von 55000 bis 650000 Kilopond Zuhaltekraft. Nur noch eines: In Kürze wird es verbesserte SKM-Modelle mit der Bezeichnung ‚S' geben, ich werde dann S 110 heißen. Die Produktion läuft in Kalldorf in Kürze an, vielleicht tragen wir dann schon irgendwo den Demag-Stempel. Denn das ist ja der Sinn unserer Gespräche, nämlich ein gemeinsames Produkt zu kreieren."

Mannesmann MSH 3/20: „Ich sei, gewährt mir die Bitte, in eurem Bunde die Dritte! Dass ich mich so klassisch melde, hat vielleicht etwas damit zu tun, dass ich eben nicht klassisch vollhydraulisch oder kniehebel-mäßig aufgebaut bin, sondern dass bei mir zwar fast alles hydraulisch ist, das Öffnen und Schließen des Werkzeugs über Verfahrzylinder und der Antrieb des Schneckenvorlaufs sowie der Schneckenrotation über Ölmotor – bis auf das mechanische Verriegeln der Form respektive der Schließeinheit an den Enden der vier Säulen auf der Rückseite der festen Werkzeugaufspannplatte, in die die vier Säulen beim Öffnen und Schlie-ßen des Werkzeugs jeweils aus- und einfahren. Insofern bin ich ein Uni-kum, besser: sind noch drei Kolleginnen und ich, mit Schließkräften von 200 bis 380 Megapond, gewissermaßen einzigartig im Produktpro-gramm der Mannesmann-Meer AG, die auch richtig große und echt voll-hydraulische MSH-Modelle von 650 bis 4000 Megapond Schließkraft in Mönchengladbach baut."

Anker A 26-100: „Danke für Ihre Ausführungen. Mir fällt auf, dass wir noch gar nicht über die vielen vom Standard abweichenden Maschinen- oder Verfahrenstechniken gesprochen haben, wie TSG, das heißt Ther-moplast-Schaumguss, Duroplast- und Elastomerverarbeitung, Mehr-farben-Spritzgießen, schnell laufende Teile oder das Umspritzen von Einlegeteilen, für die wir ja alle drei besondere Maschinenvarianten im Programm haben. Aber das sprengt sicher den Rahmen unseres ersten Gesprächs, lassen Sie uns diese Themen bitte auf die nächste Sitzung ver-tagen. Einverstanden? Gut! – Deshalb bitte ich an dieser Stelle meine PUR-Kollegin, sich kurz einmal vorzustellen; die meisten können sich ja unter einer Reaktionsspritzgießanlage wenig vorstellen. Und dann, wie passen Sie denn überhaupt in das künftige Programm unserer klassi-schen Kunststoff-Spritzgießmaschinen?"

Anker-PUR-Anlage: „Ergänzend, liebe Kollegin, durchaus ergänzend, um Ihre letzte Frage als Erstes zu beantworten. Wenn Sie sich mal die Teile anschauen, die ich mache (deutet auf einen aufgeschnittenen PUR-Hocker), so sehen diese inwendig fast so aus wie TSG-Teile, entstehen aber ganz anders. Ich arbeite nicht mit einem fertigen Werkstoff, der wie beim üblichen Spritzgießen urgeformt wird, sondern bei mir entsteht der

Werkstoff mit dem Teil erst in der Form – aus Polyol und Polyisocyanat, zwei flüssigen Komponenten, denen noch ein Treibmittel zugemischt wird und die in der Form chemisch zu Polyurethan reagieren. Sie bilden einen Strukturschaum, der in der Randzone fest und dicht, nach innen aber zunehmend lockerer wird. Also immer wenn es um große Teile geht, bei denen man Gewicht sparen will, trete ich den Wettbewerb, in Anführungszeichen gesprochen, gegen Sie an. Zumal ich statt der schweren Schließe, die Sie zwangsläufig haben müssen, um kräftig gegen den Spritzdruck zuzuhalten, mit einem einfachen Werkzeugträger auskomme, weil der geringe, aber ausreichende Druck bei mir während des Reagierens der Komponenten quasi von selbst entsteht. Sie sehen, wir könnten uns herrlich ergänzen!"

Anker A 26-100: „Klingt überzeugend, das kann wirklich interessant werden! Aber lieber Kollege Extruder, Sie haben ja noch gar nichts gesagt, sind Sie immer so schweigsam?"

Demag-Extruder: „Reden ist Silber, abwarten, bis die anderen ausgeredet haben, ist Gold, liebe Kollegin. Ich schweige für gewöhnlich, bis die Damen von der Fakultät der diskontinuierlichen Verfahren sich ausgetauscht haben, um dann mein nicht immer leicht verständliches, kontinuierliches Verfahren zu interpretieren. Im Gegensatz zu Ihrer Schnecke dreht also die meine ununterbrochen und erzeugt eben keine Teile, sondern zunächst einen ebenfalls ununterbrochenen Schmelzestrang, der dann in einer Nachfolgeanlage ebenfalls kontinuierlich zum Beispiel zu einer Blas- oder Flachfolie oder zu einer Platte geformt wird. Von einer Ergänzung im Sinne von Thermoplast-Spritzgießen und PUR-Reaktions-Spritzgießen kann bei mir und meinem ‚Downstream-Equipment' keine Rede sein. Für mich muss ein völlig anderer Kundenkreis aufgebaut werden: Folien- und Plattenhersteller oder Rohr- und Profil-Extrudeure. Und es muss ein doppeltes Know-how erworben werden, für den eigentlichen Extrusionsvorgang und für die nachfolgenden Verfahren!"

4.2 Zeitzeuge: Hans Blüml
Vom „Volkssturm" zur Digitalhydraulik

Hans Blüml, Geschäftsführer Technik der Demag Ergotech GmbH: In dem von ihm geschilderten Zeitraum der 70er Jahre war er Leiter Entwicklung der Mannesmann Demag Kunststofftechnik.

Er sieht das Jahrzehnt von 1970 bis 1980 als eine Phase der gelungenen Konsolidierung des zeitweise sehr heterogenen Unternehmens ebenso wie eine Phase der Innovation auf maschinenbaulichem und verfahrenstechnischem Gebiet.

Tatsächlich fallen in diesen Zeitraum unter anderem die Entwicklung der ersten programmierbaren Spritzgießmaschine, der Digitalhydraulik und der D-Maschinenreihe.

„Für mich beginnen die 70er Jahre in der Erinnerung mit einem martialischen Wort aus dem 2. Weltkrieg, dem ‚Volkssturm'. So haben wir damals den Kraftakt genannt, den man auch mit dem Begriff ‚Konstrukteure an die Front' umschreiben könnte: Angesichts der Tatsache, dass die Geschäfte nicht berauschend liefen und dass es eine Menge Bedarfsträger gab, die von unseren Außendienstlern gar nicht besucht werden konnten, entschied die Geschäftsführung, das Potenzial der Konstruktionsabteilung auch akquisitorisch zu nutzen. Müssten doch gerade die Konstrukteure besonders überzeugende Argumente für unsere Maschinen an den Kunden bringen können – ich war damals Leiter der Neuentwicklung innerhalb der Konstruktionsabteilung. Aber wie das so geht, Geschäfte brauchen Geduld und können nicht über das Knie gebrochen werden, nach zirka einem halben Jahr wurde diese Aktion gestoppt. Was auf jeden Fall blieb, war eine Vielzahl viel versprechender Verbindungen.

Die 70er standen für mich aber auch im Zeichen der Zusammenführung von Kunststoffmaschinen-Herstellern wie Anker und Stübbe und Unternehmensteilen wie Demag Extrusionstechnik, unter dem Dach der Demag AG zur Demag Kunststofftechnik – wobei die notwendigen technischen Innovationen vom so genannten EZK ausgingen, dem 1970 gegründeten ‚Demag Entwicklungs-Zentrum Kunststofftechnik' am Nürnberger Rennweg.

Ich erinnere mich noch gut an die Schlagzeile in der Tageszeitung ‚50 Eierköpfe forschen für die Zukunft', mit dem entsprechenden Foto von 50 Weißkitteln – keine Halbgötter in Weiß, sondern gestandene Konstrukteure und Entwickler. Das EZK war sozusagen paritätisch besetzt: Der Standort war Nürnberg, der Chef, Heinrich Keller, kam von Stübbe, den ‚Gegenpol' bildete Hans Attig vom Ankerwerk. Die Botschaft, die der damalige Demag-Vorstand August Sohn bei der Eröffnung des EZK ausgab, hieß: Wir wollen die besten Spritzgießmaschinen der Welt bauen!

Zu jener Zeit fand in dem im Vorspessart gelegenen bayerischen Winzenhohl eine Führungstagung der Demag zum strategischen Vorgehen für das kommende Jahrzehnt statt, der seitens des EZK eine wochenlange Planung vorausging. Wir haben damals sehr weit gehende, manchmal sogar abgehobene Ideen entwickelt, die allerdings nach und nach zu realistischen Kompromissen abgespeckt wurden.

Und trotz einer zunächst kontraproduktiven Organisation des EZK, die wir am Anfang als künstliches Gebilde empfanden, wurde mit der Zeit doch ein Team daraus. Vor allem entstand, diesmal unter dem Motto ‚Erfinder an die Front!', ein Konzept, dessen Ergebnisse sich sehen lassen konnten. Ich will versuchen, die wichtigsten Innovationen in Kurzform zu nennen:

1971 die erste über Fernschreiber und Lochstreifen programmierbare Spritz-

gießmaschine DAC I. Wohlgemerkt, es gab noch keine Datenspeicher und Bild-
schirme, wir haben unter anderem ein Potentiometer mit einem Motor auf ei-
nen bestimmten Wert eingestellt, um den richtigen Wert zu reproduzieren. Wir
haben also die Drehposition des Potentiometers geregelt! Aber die DAC 16-50
(Demag Adaptive Control) war immerhin der Vorläufer aller heutigen so selbst-
verständlich betrachteten programmierbaren Maschinen. Wobei angemerkt
werden muss, dass die Schweizer Firma Bühler zeitgleich an einer ähnlichen
Entwicklung arbeitete, die dann unserer Lösung auf der K '71 gegenüberstand.

Die deutlich verbesserte Version DAC II mit einer ersten Digitalhydraulik
entstand 1973. Die Realisierung der bereits fest in der Maschine hinterlegten
hydraulischen Werte für die Geschwindigkeiten (Volumenströme) und Drücke
und deren elektrische Aktivierung in kleinen Stufen, die addiert wurden, ba-
sierte auf dem dualen Prinzip.

Damals haben wir das Ganze noch als ‚Rennsport' bezeichnet, wohl wissend,
dass dessen Ergebnisse wie beim Automobilsport einmal in die Serie einfließen
würden. Im Fall der Digitalhydraulik war das Resultat: hohe Zuverlässigkeit
und Reproduzierbarkeit von Schuss zu Schuss über einen langen Zeitraum,
aber auch von Maschine zu Maschine und bei der Wiederaufnahme der Produk-
tion, also beim Einlesen bereits gewonnener Produktionsdaten. Der Clou dabei
war die erstmals eingeführte elektrische Regelung der Temperatur des Hydrau-
liköls auf +/- 0,5 °C – und damit die Elimination einer wesentlichen Störgröße.

Dieser ‚Rennsport', wie auch das konsolidierte Know-how aller ursprüngli-
chen, jetzt integrierten ‚Marken', ist dann auch wirklich in die Entwicklung
der langjährig erfolgreichen D-Maschinenreihe eingeflossen, die wir erstmals
auf der K '75 präsentierten. Wir haben damals unter anderem eine 750-Tonnen-
Maschine mit digitaler Hydraulik – sie war danach über 20 Jahre ein festes Ele-
ment der D-Reihe – und mit speicherprogrammierbarer Steuerung NC I aus-
gerüstet, die allerdings trotz eines riesigen Schrankes noch keinen Bildschirm
hatte, dafür aber ein Unmenge von Kodierschaltern.

Die Zeit war auch wieder einmal reif für eine Art Glaubenskrieg: Nach dem
Thema ‚Kniehebel oder Vollhydraulik?' wurde die Frage ‚Steuern oder Regeln?'
heiß diskutiert. Da wir die Digitalhydraulik ja nicht der attraktiven Bezeich-
nung wegen entwickelt hatten, habe ich damals in unzähligen Vorträgen das
Banner des Steuerns hochgehalten. Das Verursacherprinzip war die Grundlage
unserer Steuerungsphilosophie, die hieß: Nicht aus- oder wegregeln, was man
von vornherein vermeiden kann!

Lassen Sie mich noch einmal auf die D-Reihe zurückkommen. Durch die
zweifellos zunächst berechtigten Wünsche der integrierten Firmen, ihre Kun-
den durch spezifische Ausrüstungsvarianten zufrieden zu stellen, entstand an-
fangs eine unglaubliche Vielzahl an Kombinationen von Muss- und Kann-
Varianten. Diesen Wust unwirtschaftlicher Modularität hatte ich übersichtlich

darzustellen, was dazu führte, intern vom ‚Blümlschen Handbuch' zu sprechen. Mit Überschreiten der ökonomischen Grenze solcher Variantenvielfalt waren wir Ende der 70er Jahre gezwungen, die D-Reihe dahin gehend zu bereinigen. Wenn ich ein Resümee ziehen sollte, dann dieses:

Die 70er Jahre endeten nicht nur für uns in einer ziemlichen Rezession, die tief greifende Veränderungen bei der Mannesmann Demag Kunststofftechnik notwendig machte. Andererseits kann man dieses Jahrzehnt mit Fug und Recht für die Mannesmann Demag Kunststofftechnik als das der Innovationen bezeichnen, die ihren Ursprung im EZK hatten. Denken Sie allein an die von 1971 bis 1975 entstandene D-Baureihe und die neuen Steuerungen wie die Digitalhydraulik und die numerischen, speicherprogrammierbaren Steuerungen NC I und später NC II – das sind Meilensteine des Spritzgießmaschinenbaus."

Geprägt werden die 70er vor allem durch die Zusammenführung von Ankerwerk Nürnberg und dem ebenfalls von der Demag erworbenen Spritzgießmaschinen-Hersteller Stübbe in Kalldorf und nicht zu vergessen von der Integration der anderen Unternehmensteile des Bereiches Kunststofftechnik der Demag AG, später Mannesmann Demag AG. Es geht um nicht mehr oder weniger, als sieben Unternehmen oder Unternehmensbereiche nicht nur unter eine gemeinsame Führung zu bringen, sondern auch räumlich zu verbinden: Ankerwerk Nürnberg GmbH, Stübbe Maschinenfabrik, Jünkerather Maschinenfabrik und Gießerei, Mannesmann-Meer Kunststofftechnik, Demag Kunststoffmaschinen Darmstadt und Duisburg sowie die Darmstädter Extrusionstechnik der Demag. Das Endergebnis heißt Mannesmann Demag Kunststofftechnik GmbH. Dass dies nicht ohne Reibungsverluste vonstatten geht, ist selbstverständlich; auch die erhofften Synergieeffekte bleiben anfangs aus. Am Ende aber steht ein konsolidiertes Unternehmen mit einem guten Produkt.

Konsolidierung I: Anfang 1970 setzt die Demag AG, Duisburg, die Politik ihrer Beteiligungen und Akquisitionen im Bereich der Kunststofftechnik fort. Die Anteile an der Ankerwerk Nürnberg GmbH erhöht Duisburg 1971 von 76 auf 100 Prozent. 1970 und 1971 werden gleichzeitig 86 beziehungsweise 100 Prozent an der Stübbe Maschinenfabrik GmbH, Vlotho-Kalldorf, erworben. Die Kaufgründe sind der erhoffte Erwerb eines zusätzlichen Marktanteils in der BRD von knapp zehn Prozent und einer ergänzenden Vertriebsorganisation im Ausland. Natürlich wird durch die Stübbe-Maschinen auch das Produktprogramm ergänzt, zum Beispiel durch unterschiedliche Antriebskonzeptionen sowie unterschiedliche Qualitäts- und Preisniveaus der Spritzgießmaschinen.

Konsolidierung II: Die Demag gründet das „Entwicklungszentrum Kunststofftechnik" in Nürnberg, das so genannte EZK. Hier werden alle Forschungs- und Entwicklungsaktivitäten des Kunststofftechnik-Bereichs der Demag zusammengefasst. Die Leitung ist paritätisch mit je einer technischen Führungskraft von Anker und Stübbe besetzt. Aus dem zunächst als künstlich empfundenen Gebilde wird im Laufe der Zeit ein erfolgreiches Team, das respektable Ergebnisse zustande bringt, unter anderem auch Meilensteine des Spritzgießmaschinenbaus. Alle notwendigen Innovationen gehen zu Beginn der 70er Jahre vom EZK aus.

Konsolidierung III/a: 1972 bildet die Demag AG aus der Ankerwerk Nürnberg GmbH, der Stübbe Maschinenfabrik GmbH, der Jünkerather Maschinenfabrik GmbH (das älteste, 1687 als Jünkerather Gewerkschaft gegründete Konzernunternehmen), dem eigenen Bereich Kunststofftechnik der DEMAG AG (seit 1963 mit dem Bau von Spritzgießmaschinen und Beschichtungsanlagen beschäftigt), dem Entwicklungszentrum Kunststofftechnik (EZK) in Nürnberg und der Demag-Extrusionstechnik in Darmstadt (sie wird 1973 nach Nürnberg verlagert) eine Rechtsform: die Demag Kunststofftechnik GmbH mit Sitz in Nürnberg, zu der 1974 noch die Produktgruppe Kunststofftechnik (Kunststoff-Spritzgießmaschinen) der Mannesmann-Meer AG, Mönchengladbach, hinzukommt.

Für die Demag liegen die Gründe für diesen Zusammenschluss auf der Hand: Die Marktbedingungen und damit die Absatzerwartungen haben sich inzwischen geändert, das Aufgeben der ursprünglichen Organisation nach Einzelgesellschaften verlangt nach einer Kostenanpassung, die Konkurrenzsituation Ankerwerk/Stübbe muss beseitigt werden, wenn die Produkte des Bereichs Kunststofftechnik der Demag einheitlich präsentiert werden sollen; hinzu kommt der Vorteil eingleisiger Vertriebswege im In- und Ausland. Nürnberg wird Standort für alle zentralen Funktionen.

Beteiligte erinnern sich heute schmunzelnd an die damalige interne und externe PR-Aktion mit den beiden Püppchen, dem blonden „Ankchen" und dem dunkelhaarigen „Stübbchen", die das inzwischen klassische Wort, „dass zusammenwächst, was zusammengehört", auf heitere Art „plastisch" vorwegnahmen.

Darüber hinaus kommt es zu einer Zusammenarbeit im Bereich Kleinmaschinen mit der Firma Novapax, Leer, Ostfriesland.

Konsolidierung III/b: Das in den Ausläufern des Spessart gelegene bayerische Winzenhohl ist im Januar 1972 Ort der Demag Führungstagung. In zahlreichen Workshops werden dort die Kriterien für die künftige erfolgreiche Arbeit der Demag Kunststofftechnik erarbeitet.

Themen sind unter anderem: Instrumente und Methoden zur Kosten-senkung, Vorschläge zum Abbau beziehungsweise zum Vermeiden überfälliger Forderungen aus Warenlieferungen und Leistungen, ein Regelkreis zur laufenden Anpassung des Produktionsprogramms an die Vertriebspläne, Abbau der vorhandenen Überstände (ein Thema, das sich die damalige DET-Geschäftsführung auf ihre Fahnen heftete) und Maßnahmen zur effizienteren Personalpolitik, insbesondere durch Besetzung von Führungspositionen aus den eigenen Reihen.

Konsolidierung IV: Auch auf höchster Unternehmensebene findet in jener Zeit eine Akquisition statt: Die Mannesmann AG, Düsseldorf, er-wirbt ab 1972 bis 1974 stufenweise die Demag AG. Erst 1979 findet die-ser Erwerb nach außen hin seinen Niederschlag in der Firmierung unter Mannesmann Demag Kunststofftechnik GmbH.

Innovation I: Zeitgleich mit dem Entstehen neuer Spritzgieß-maschinen entwickelt das EZK Reaktionsspritzgieß-Anlagen, das heißt Pumpen, Mischbausteine und Werkzeugträger für die Herstellung großvolumiger Formteile aus Polyurethan-Integralschaum. Der in der äußeren Randschicht mehr oder weniger kompakte, innen grob- oder feinzellig geschäumte Werkstoff, besser Werkstoff und Teile, entsteht aus den beiden reaktiven Komponenten Polyisocyanat und Polyol plus Treibmittel im Werkzeug. Das PUR-Programm, unter anderem sechs Werkzeugträger von 7,5 bis 80 Tonnen Schließkraft, wird 1976 „einge-froren", die Patente an Krauss-Maffei verkauft.

Innovation II/a: Einer der Meilensteine, die das EZK setzt, ist 1971 die samt ihren Nachfolgern gelegentlich als Rennsport apostrophierte, erste programmierbare Spritzgießmaschine der Welt, die DAC 1 – auf-bauend auf der Anker-Maschine A 16 – 50, mit 50 Megapond Schließ-kraft. Sie empfängt in Ermangelung der erst viel später entwickelten elektronischen Steuer-, Regel- und Speicherelemente, die heute aktuel-ler Stand der Technik sind, ihre Befehle über Fernschreiber und Loch-streifen: ein wirklicher Meilenstein, auch wenn er unter Einsatz aller denkbaren Kunstgriffe und unglaublicher Umständlichkeiten realisiert wird.

Innovation II/b: 1973 stellt Demag Kunststofftechnik die weiterent-wickelte DAC II mit den ersten Ansätzen einer digitalen Hydraulik auf der Messe Interplas in London/Kensington vor; das allererste Exemplar wird von Agfa München gekauft. Wobei die Digitalhydraulik eigentlich eine eigene „Innovations-Nummer" verdient hätte, weil sie entgegen der bisherigen proportionalen Arbeitsweise hydraulischer Ventile als Ja/Nein-Steuerorgan wirkt, das heißt, sozusagen bereits fest in die Steuerung installierte elektrische Werte mit hoher Präzision und Konstanz hydraulisch realisieren kann – bei den Geschwindigkeiten zum Beispiel durch die Addition von unterschiedlichen, aber konstanten Durchflussmengen.

Zunächst wird diese Digitalhydraulik bei der Weiterentwicklung der DAC I in einem ersten Schritt durch Stellglieder mit kleinen pneumatischen Zylindern für die Steuerung der Druck- und Mengenventile realisiert. Übrigens zeigte Netstal in London unter der Bezeichnung Sycap die erste Prozessregelung an Spritzgießmaschinen.

Innovation III: Zwischen 1971 und 1975 wird eine neue Maschinengeneration entwickelt und der Fachwelt auf der Düsseldorfer Kunststoffmesse, der K '75, präsentiert: die D-Reihe. Die nach dem Baukastenprinzip gestaltete, mit Kniehebel-Schließeinheiten ausgerüstete Maschinenreihe bringt es bis zum Ende ihrer Laufzeit (1989) auf über 60 Modelle mit Schließkräften von 300 bis 40000 Kilonewton, wobei die unterschiedlichsten Steuerungsversionen (analog, digital, Mikroprozessor, Bildschirm etc.) – unter anderem mit intelligentem Bedienterminal – und Ausrüstungsvarianten wie für schnell laufende Teile, für das Mehrkomponenten-Spritzgießen oder den Gas-Innendruck-Prozess (GIP) eingesetzt werden.

Ein D-Exponat auf der K '75 ist die D 750 mit 750 Megapond Schließkraft, Digitalhydraulik und speicherprogrammierbarer Steuerung NC I in einem Riesenschrank ohne Bildschirm, aber mit vielen Kodierschaltern als elektromechanische Speicher für die (digitalen) Sollwerte der Hydraulik. Die anderen D-Maschinen haben eine kontaktlose BBC-Bausteinsteuerung.

Die Digitalhydraulik wird fester Bestandteil der D-Reihe, nicht zuletzt, weil sie für künftige programmierbare Spritzgießmaschinen ideal geeignet ist. Sie wird über 20 Jahre lang gebaut, weil die Kunden von deren Vorteilen überzeugt waren und es zum Teil heute noch sind. Erst in den letzten Jahren geht der Wunsch nach der Digitalhydraulik zurück, nachdem die jetzigen Regelgeräte einen vergleichbaren Grad an Präzision und Konstanz erreicht haben.

Im „K"-Jahr 1975 findet nicht nur die Umwandlung der Demag Kunststofftechnik GmbH in „Demag Kunststofftechnik Zweigniederlassung der Demag AG" statt. Höchst unerfreulich, aber unabwendbar ist 1975 die Schließung des Werks Kalldorf (Stübbe) im Zuge der durch die Rezession notwendig gewordenen Anpassungsmaßnahmen. Es kommt zu vergeblichen Protesten der Belegschaft, bis hin zu einem Hungerstreik vor dem Verwaltungsgebäude der Demag in Duisburg; auch der damalige NRW-Arbeitsminister Friedhelm Farthmann versuchte, sich einzuschalten.

Eine weitere Konsequenz aus dieser Maßnahme sind die Auflösung des EZK und die Eingliederung seiner Mannschaft in die Konstruktions- und Entwicklungsabteilung der Demag Kunststofftechnik.

Innovation IV: Auch die Produkte der Demag-Extrusionstechnik, Darmstadt, die 1964 von der Firma Brieden, Bochum, übernommen wurde, werden weiterentwickelt: 1974/75 entsteht eine Anlage (mit Breitschlitzdüse) zur Herstellung von Platten, die auf der K '75 gezeigt wird. In einem großen Anwendungstechnikum an der Nürnberger Klingenhofstraße, in dem auch der gesamte Kundendienst für die Spritzgießmaschinen untergebracht ist, entstehen darüber hinaus Blasfolienanlagen.

Ende der 60er, Anfang der 70er Jahre hat das Demag-Extrusions-Team in Darmstadt bereits eine leistungsfähige Extruder-Reihe mit Schneckendurchmessern von 60 bis 150 Millimetern sowie Folgeanlagen für die Folienherstellung geschaffen. Die Darmstädter betrachten sich in dieser Zeit als führend auf dem Sektor Paletten-Schrumpffolie und sind stolz auf die hohe Ausstoßleistung ihrer Maschinen (ausgefeilte Schneckengeometrie!) und einen für die damalige Zeit respektablen Umsatz von zehn Millionen DM.

Einige Marktdaten des Jahres 1978 machen die Steigerung der Spritzgießmaschinen-Produktion und Spritzgießverarbeitung des zurückliegenden Jahrzehnts deutlich: In der BRD werden Spritzgießmaschinen im Wert von 540 Millionen DM produziert, der Markt der BRD nimmt für 289 Millionen DM Maschinen auf; beide Werte liegen um 64 Prozent über denen von 1968. Die deutsche Kunststoff verarbeitende Industrie erzeugt Spritzgussartikel im Wert von zirka 8,2 Milliarden DM – gegenüber 1968 eine Steigerung um 135 Prozent.

In Westeuropa werden 1978 etwa 12,5 Millionen Tonnen Thermoplaste erzeugt, derselbe Markt nimmt im gleichen Jahr davon fast elf Millionen Tonnen auf.

Nach den beiden Ölkrisen Anfang und Ende der 70er Jahre schreibt der damalige Vorsitzende des Verbandes Kunststofferzeugende Industrie e.V. und Mitglied des Vorstandes der BASF AG, Dr. Herbert Willersinn, in Heft 9/1979 der Zeitschrift „Kunststoffe" nach grundsätzlichen ökonomischen und ökologischen Betrachtungen:

„Wir dürfen also davon ausgehen, dass Kunststoffe auch in Zukunft einen bevorzugten Platz in unserer technisierten Umwelt einnehmen werden. Sie werden entscheidend dazu beitragen, dass die künftigen Versorgungsprobleme [gemeint ist die Versorgung mit Rohstoffen für die Kunststofferzeugung, Anm. d. Verf.] gelöst und der heutige Lebensstandard erhalten und weiter gehoben werden können. Dieses Ziel zu erreichen, fordert ein überlegtes, zukunftsorien-

tiertes Marktverhalten aller Beteiligten, der Rohstoffproduzenten, Kunststoff-Erzeuger, -Verarbeiter und -Anwender wie auch der Endverbraucher."

Heute, zu Beginn des 21. Jahrhunderts, stellen wir rückblickend fest: Die Voraussage hat sich voll erfüllt. Ob Kunststoffe oder nicht, ist heute kein Thema mehr.

5 Das Unternehmen Mannesmann –
die 70er Jahre

Am Anfang steht eine revolutionäre Erfindung
Die Geschichte von Mannesmann beginnt fünf Jahre vor der eigentlichen Firmengründung mit einer technischen Pionierleistung: 1885 erfinden Reinhard und Max Mannesmann, Nachfahren der bereits 1664 im Meinerzhagener Kirchbuch erwähnten Familie, in der väterlichen Feilenfabrik in Remscheid ein Walzverfahren zur Herstellung nahtloser Stahlrohre. Mit dieser Erfindung als Einlage gründen sie bis 1889 mit verschiedenen Partnern Röhrenwerke in Bous an der Saar, Komotau / Böhmen, Landore / Wales und im heimischen Remscheid. Der endgültige technische Durchbruch gelingt den Brüdern aber erst ab 1890 mit der Erfindung des Pilgerschritt-Walzverfahrens. Die Verbindung von Pilgerschritt- und Schrägwalzen ist bis heute als „Mannesmann-Verfahren" bekannt.

Am 16. Juli 1890 werden die kontinentalen Mannesmannröhren-Werke in die neu gegründete Deutsch-Österreichische Mannesmannröhren-Werke Aktiengesellschaft mit Sitz in Berlin eingebracht. Mit einem Grundkapital von 35 Millionen Mark gehört das neue Unternehmen von vornherein zu den zehn größten Kapitalgesellschaften im Deutschen Reich. Reinhard und Max Mannesmann bilden den ersten Vorstand der Gesellschaft, scheiden aber bereits 1893 wieder aus. Im selben Jahr zieht die Firmenzentrale von Berlin nach Düsseldorf um.

Um das Röhrenangebot zu vervollständigen, baut Mannesmann in der zweiten Hälfte der 1890er Jahre in Düsseldorf-Rath neben einem neuen Nahtloswerk ein Schweißrohrwerk. 1899 wird das Werk in Landore in Wales übernommen. 1908 beginnt der Bau eines Röhrenwerks in Dalmine / Italien. Im gleichen Jahr wird die Deutsch-Österreichische Mannesmannröhren-Werke AG in Mannesmannröhren-Werke AG, Düsseldorf und Österreichische Mannesmannröhren-Werke GesmbH, Wien aufgeteilt. 1912 erfolgt in Düsseldorf die Einweihung des Peter-Behrens-Baus, des ersten eigenen Gebäudes für die Hauptverwaltung des Konzerns und noch heute Zentrale des Unternehmens.

Vom Rohrhersteller zum Montankonzern
Mannesmann ist zunächst ein reiner Stahlverarbeiter und damit abhängig von den Halbzeuglieferungen anderer Unternehmen. Um Preis, Lieferzeit und vor allem Qualität selbst bestimmen zu können, wird da-

her zu Beginn unseres Jahrhunderts der Aufbau einer eigenen Vormaterialbasis das wichtigste strategische Ziel.

Der erste Schritt ist 1906 der Erwerb der Saarbrücker Guss-Stahlwerke AG. Es folgen die Gewerkschaft Grillo Funke, Kohlezechen, Erzgruben und Kalksteinbrüche. 1929 kann schließlich das eigene Hüttenwerk in Duisburg-Huckingen den Betrieb aufnehmen. Mannesmann ist nunmehr ein vertikal gegliederter Montankonzern, wie er bis in die 70er Jahre des letzten Jahrhunderts für die deutsche Ruhrwirtschaft typisch ist.

Das Unternehmen tritt bereits früh auch in den Bereich der Weiterverarbeitung ein. 1924 übernimmt Mannesmann ein Rohrleitungsbauunternehmen in Bitterfeld. Die 1926 erworbene, 1872 als Familienunternehmen gegründete Maschinenfabrik Gebr. Meer in Mönchengladbach wird die erste Maschinenfabrik des Konzerns.

Nach dem 2. Weltkrieg werden die Mannesmann-Röhrenwerke auf Anordnung der Alliierten liquidiert und 1952 in drei selbstständige Unternehmen aufgeteilt: Mannesmann AG, Consolidation Bergbau AG und Stahlindustrie und Maschinenbau AG. Bis 1955 erfolgt der Wiederzusammenschluss dieser Unternehmen unter Führung der Mannesmann AG.

In den Jahren 1952 bis 1955 gründet Mannesmann eigene Stahl- und Röhrenwerke in Brasilien, Kanada und der Türkei.

Auf dem Weg zum Technologiekonzern
Als erstes Unternehmen der Montanindustrie beginnt Mannesmann in den 60er Jahren mit der Umgestaltung seiner Struktur.

1962 wird das Produktionsprogramm der Mannesmann-Meer AG durch Maschinen für die Verarbeitung von Kunststoffen erweitert. Auf dem Gebiet der Kunststoffverarbeitung war der Mannesmann-Konzern seit einigen Jahren tätig. Es gelingt Meer jedoch nicht, auf dem Markt für Kunststoffmaschinen – man hatte mit großen Maschinen begonnen – Fuß zu fassen.

Ab 1968 erfolgt der Erwerb der G.L. Rexroth GmbH. Das Unternehmen wird durch zielgerichteten Abbau und starke Internationalisierung an die Weltspitze der Hydraulik geführt und durch die Arbeitsgebiete Hydromatik und Pneumatik sowie lineare Bewegungstechnik ergänzt. 1997 wird Rexroth in eine Aktiengesellschaft umgewandelt.

1970 vereinbaren Mannesmann und Thyssen eine Arbeitsteilung. Mannesmann übernimmt von Thyssen die Rohrfertigung und gibt im Gegenzug die eigene Walzstahl-Herstellung und Blechverarbeitung in Deutschland an Thyssen ab. Die neu gegründeten Mannesmannröhren-

Werke werden so zu einem der größten Rohrproduzenten der Welt. Bereits ein Jahr zuvor ist der Mannesmann-Steinkohlenbergbau in die Ruhrkohle AG eingebracht worden.

Mit dem Erwerb der Demag AG in den Jahren 1972 bis 1974 und der Krauss-Maffei AG ab 1990 verstärkt Mannesmann planmäßig seine Aktivitäten im Maschinen- und Anlagenbau bis zur heutigen führenden Position. Komponententechnik, Systemtechnik sowie Kran- und Handhabungstechnik werden 1992 in der Mannesmann Demag Fördertechnik, seit 1997 Mannesmann Dematic AG, zusammengefasst.

Mit Kunststoffmaschinen erzielt die Demag in diesen Jahren zirka 130 Millionen DM Umsatz, ein Arbeitsgebiet, auf dem die Demag eine gute, aber keine führende Position einnimmt.

Der Aufbau des Unternehmenbereiches Fahrzeugtechnik durch den Erwerb der Fichtel & Sachs AG 1987 und die Übernahme von VDO Adolf Schindling AG und Boge GmbH 1991 erschließt Mannesmann einen weiteren zukunftsträchtigen Markt. Außerdem setzt man dem stark zyklischen Anlagengeschäft ein konsumnäheres und beständigeres Seriengeschäft gegenüber. 1997 werden diese beiden Unternehmen in Mannesmann Sachs AG beziehungsweise in Mannesmann VDO AG umfirmiert.

Im 100. Jahr seiner Firmengeschichte betritt Mannesmann wieder unternehmerisches Neuland. Anfang 1990 wird mit dem Bundesminister für Post und Telekommunikation der Lizenzvertrag zum Aufbau und Betrieb des ersten privaten Mobilfunknetzes D2 in Deutschland unterzeichnet. Im Dezember 1991 ist das D2-Netz in den ersten Regionen für den öffentlichen Betrieb bereit. Das starke Wachstum des Unternehmens hält bis heute unvermindert an.

Auch im Festnetzbereich tritt Mannesmann verstärkt als Wettbewerber auf. Dazu wird 1996 ein Gemeinschaftsunternehmen zusammen mit der Deutschen Bahn AG gegründet, aus dem Anfang 1997 die Mannesmann Arcor AG & Co. entsteht. Mit Beteiligungen an Cegetel (Frankreich), Omnitel (Italien) und Tele.ring (Österreich) engagiert sich Mannesmann auch auf dem internationalen Telekommunikationsmarkt.

Die anderen Unternehmensbereiche des Mannesmann-Konzerns wachsen weiter und passen sich den sich verändernden Bedingungen des Marktes an. Dazu zählen im Bereich der Stahlerzeugung und der Rohrherstellung auch neuartige Formen der Kooperation: Seit 1990 betreiben Mannesmann und Krupp gemeinsam in Duisburg das frühere Mannesmann-Hüttenwerk Huckingen unter der neuen Firma Hüttenwerk Krupp-Mannesmann GmbH. Gemeinsam mit dem französischen Unternehmen Usinor Sacilor gründen die Mannesmannröhren-Werke

1991 für die Großrohrherstellung die Europipe GmbH und seit 1994 besteht die Holding DMV Stainless BV für die Edelstahlrohr-Produktion von Mannesmann, Dalmine SpA / Italien und Vallourec / Frankreich.

1997 wird mit Vallourec im Bereich warmgefertigter nahtloser Stahlrohre das Gemeinschaftsunternehmen V & M Tubes gegründet.

Im Jahr 2000 wird die Mannesmann AG vom britischen Telekommunikationsunternehmen Vodafone übernommen. Im Frühsommer wird die Mannesmann automotive & technology-Sparte ausgegliedert und von den Unternehmen Bosch und Siemens übernommen. Unter dem neuen Namen Atecs Mannesmann formiert sich die Maschinenbau- und Automobilzulieferersparte – fern von den Telekommunikationsaktivitäten.

6 Demag AG – Pionier des deutschen Maschinenbaus

180 Jahre sind auch für ein Traditions- und erfolgreiches deutsches Unternehmen ein nahezu biblisches Alter, wobei ein Unternehmen gegenüber dem Menschen den Vorteil hat, sich laufend zu verjüngen, wenn es richtig geführt wird.

Das Maschinenbau-Unternehmen Demag AG, Duisburg, seit 1974 Mannesmann Demag AG, heute innerhalb der 1999 gegründeten „Mannesmann Demag Krauss-Maffei AG" unter der Firmierung „Demag Delaval Turbomachinery" quasi als Restzelle der ursprünglichen Demag erhalten, ist ein Beispiel dafür. Wenn man berücksichtigt, dass auch der menschliche Körper durch die ständige Zellerneuerung heute nicht mehr der ist, der er gestern war.

In diesem Sinne sind auch unternehmerische Organverpflanzungen möglich: So wird unter anderem 1992 die Mannesmann Demag Fördertechnik ausgegliedert (auch 180 Jahre alt und Weltmarktführer der Branche!).

Friedrich Harkort, der als „großer Anreger" gilt, startet sein Unternehmen – mit Unterstützung des Elberfelder Bankiers Johann Heinrich Daniel Kamp – im Juni 1819 auf der Burg Wetter an der Ruhr auch nicht als Demag AG, sondern als „Mechanische Werkstätte Harkort & Co.", die Keimzelle der Demag AG.

Auszug aus der Firmengeschichte (1994):

„Als er Mitte der 1850er Jahre Bilanz zog, konnte er mit Stolz darauf hinweisen, dass er in der Eisengießerei die Kupolöfen mit Stichherden, die Formerei schwieriger Maschinenstücke in Sand und den Guss der Hartwalzen eingeführt hatte, außerdem die Fertigung und Anwendung gusseiserner Getriebe, insbesondere die mit konischen Rädern, verbesserte Zylindergebläse sowie die Herstellung der ersten doppelwirkenden Dampfmaschine von bis zu 100 Pferdestärken. Er war der Erste, der einen Hochofen mit eisernem Mantel errichtet hatte, der einen Chemiker beschäftigte, Blechwalzwerke und Krananlagen konstruierte und seinen Lehrlingen Werkunterricht erteilen ließ."

Kaum ein Stahl- oder Walzwerk in Europa, das damals nicht mit Anlagen aus Wetter ausgerüstet ist. Eine solch tatkräftige, noch dazu in eine derart breite Produktvielfalt umgesetzte Innovationskraft verdient hohen Respekt – er baut sogar eine Probe-Eisenbahn und ein Schiff, mit dem er rheinabwärts in die Nordsee und dann weseraufwärts fährt!

Die Bedeutung, die Demag auf dem Gebiet der Fördertechnik bis heute erlangte, hat ihren Ursprung in Wetter. Die Impulse dazu gingen von der Firma Stuckenholz aus, die Ludwig Stuckenholz, ein ehemaliger Mitarbeiter Harkorts, 1830 unmittelbar neben dessen mechanischer Werkstätte einrichtete.

Aus diesen beiden Ursprungsunternehmen entstand nach zahlreichen Firmenänderungen und -verschmelzungen – wie die 1906 entstandene „Märkische Maschinenbau-Anstalt Ludwig Stuckenholz AG, Wetter a/d Ruhr" (deren Fusionspartner im Firmennamen deutlich erkennbar sind) – im Juni 1910 die „Deutsche Maschinenfabrik A.-G." mit Sitz in Duisburg, deren Telegrammkürzel DEMAG später zum offiziellen Firmennamen wird. Initiator dieser Fusion und Kopf des Unternehmens ist Wolfgang Reuter, der 1888 als junger Diplom-Ingenieur bei der Firma Stuckenholz beginnt und später deren Alleininhaber wird. So wird schon 1910 ein immenses Wissen und Können von Fachleuten für Krane, Hebezeuge, Walzwerke und Schmelzöfen in einem einzigen Unternehmen konzentriert.

Im August 1926, nach dem Zusammenschluss mit der Mülheimer Maschinenfabrik „Thyssen & Co.", heißt das Unternehmen jetzt: Demag AG, das größte Maschinenbau-Unternehmen Deutschlands – und es wächst weiter. Nach überstandener Weltwirtschaftskrise Ende der 20er Jahre und Wiederaufnahme der Produktion hat die Demag AG wesentlichen Anteil am Wiederaufbau der deutschen Wirtschaft und kann ihre Bedeutung unter der Leitung des Sohnes von Wolfgang Reuter, Diplom-Ingenieur Hans Reuter, weiter ausbauen.

Die Unternehmenserwerbe der Demag zielten auf Abrundung und Ergänzung vorhandener Aktivitäten. Aber man wollte, wie andere Maschinenbauer auch, neue Arbeitsgebiete angehen, die erst in jüngster Zeit Bedeutung erlangt hatten. So erforderte das Vordringen der Kunststoffe eine große Palette neuer Maschinen. Seit 1963 widmete sich die Demag auch der Entwicklung und dem Bau von Kunststoffmaschinen. Vor allem Spritzgießmaschinen und Beschichtungsanlagen bestimmten das Programm.

Die Entscheidung dazu fiel 1962, um eine langfristige Substitution für den Schwerkran-, den Brücken- und den einfachen Stahlbau zu erreichen, das heißt eine konsequente Diversifikation und ausgewogenere Produktstruktur durch Maschinenbau in Konsumnähe. Von 1963 bis 1965 wird eine Demag Spritzgießmaschine mit 320 Megapond Schließkraft entwickelt; 1964 wird das Maschinenprogramm bis 1650 Megapond Schließkraft erweitert. 1964 erwirbt man die Extrusionstechnik der Firma Brieden, Bochum, mit Know-how-Trägern und Vertriebsmannschaft und schließt 1965 einen Kooperationsvertrag mit Ankerwerk Gebr. Goller, Nürnberg, über die Herstellung, die Entwicklung und den Vertrieb von Spritzgießmaschinen und Extrudern. Zwei Jahre später stellen beide auf der Internationalen Kunststoffmesse in Düsseldorf, der K '67, gemeinsam Kunststoffmaschinen aller Art aus.

Ebenfalls 1965 übernimmt die Demag von der Krefelder Maschinenfabrik Kleinewefers den Bau von Kalandern und Mischwalzwerken für die Kunststoff-Folien- und Gummi-Industrie; 1967 wird die erste große Anlage nach Übersee geliefert.

1969 erhält die Demag eine Spartengliederung: Es entstehen die Erzeugnissparten Hüttenbau/Umschlagtechnik, Fördertechnik, Baumaschinen und Verdichtertechnik/Kunststoffmaschinen. 1996 kommen noch die Energie-/Umwelttechnik und Kinetics Technology International (KTI) hinzu; damit werden vielfältige Produktbereiche beliefert, von der Kraftwerkstechnik über Umwelt-, Gebäude- und Wasser/Abwassertechnik bis zu Pipeline-Systemen und Anlagen für die Öl- und Gasindustrie.

Zwischen 1972 und 1974 übernimmt die Mannesmann AG, Düsseldorf, das Unternehmen, das von da an als Mannesmann Demag AG firmiert.

Ab 1994 wird die Mannesmann Demag AG der Konzernstrategie entsprechend umstrukturiert: Verkauft wird unter anderem der Geschäftsbereich Drucklufttechnik, während der Sektor Baumaschinen ausgegliedert, das heißt teilweise veräußert, teilweise aber in ein Jointventure mit der Komatsu Ltd., Tokio, die Demag Komatsu GmbH, eingebracht wird.

Auszüge aus der Demag Firmengeschichte (1994):

„Die Entwicklung der Kunststofftechnik wurde gefördert unter anderem ... durch die Einführung der Digitalhydraulik Mitte der 1970er Jahre, durch die Automatisierung und zentrale Funktionsüberwachung des Spritzgießbetriebs sowie die CNC-Steuerung Mitte der 1980er Jahre. ... 1992 konnte nach nur eineinhalbjähriger Entwicklungsarbeit die neue Spritzgießmaschinen-Reihe ‚Ergotech' vorgestellt werden; sie berücksichtigt besonders ergonomische Erkenntnisse. Die acht Maschinentypen in den Schließkraftbereichen zwischen 25 und 250 Tonnen stoßen auf das große Interesse der Fachwelt. Ihre Leistung ist bei wesentlich verbessertem Preis/Leistungsverhältnis größer als die ihrer Vorgänger. Besonderen Anteil an der Entwicklung und dem Bau der kleinen Maschinen der Baureihe hat das erneuerte Werk Wiehe in Thüringen."

„Der Geschäftsbereich Kunststofftechnik verzeichnete eine erfreuliche Entwicklung, die von der wachsenden Nachfrage nach ihren Erzeugnissen getragen wurde. Die Übernahme von Van Dorn in den USA, dem führenden

Hersteller von Spritzgießmaschinen in den USA, und die Modernisierung des 1990 übernommenen Werkes Wiehe/Thüringen sicherten diesem Bereich eine auch im Weltmarktmaßstab gute Position. In Italien, dem zweitgrößten Spritzgießmaschinenmarkt Europas, gelang der Markteintritt durch die Gründung der Mannesmann Demag SIRT S.r.l. Gemeinsam mit einem italienischen Partner wurde ein Händler- und Servicenetz aufgebaut, das auf Anhieb Vertriebserfolge erzielte. Das seit 1992 bestehende Engagement in Südostasien wurde durch die Aufnahme von Vertriebsaktivitäten in Hongkong und der VR China intensiviert. Das Konzept der Ergotech-Maschinen, die Verbindung eines günstigen Preis/Leistungsverhältnisses mit einer an den neuesten ergonomischen Erkenntnissen orientierten Konstruktion, setzte sich seit der Markteinführung 1993 durch. Bis Mitte des Jahres 1996 hatten die Werke Wiehe und Schwaig mehr als 3000 Ergotech-Maschinen verkauft. Die Produktpalette wird durch weitere Modelle abgerundet und erweitert."

1999 werden die Demag AG und die bis 1996 von der Mannesmann AG stufenweise erworbene Krauss-Maffei AG zur Mannesmann Demag Krauss-Maffei AG vereint, die die Bereiche Kunststofftechnik (siehe unten), Maschinen- und Fahrzeugbau, Verkehrssysteme und Verdichter (Demag Delaval Turbomachinery) umfasst. Weitere Produkte und Dienstleistungen sind die Verfahrenstechnik und die Lasertechnik; darüber hinaus bestehen Minderheitsbeteiligungen an Unternehmen der Metallurgie, Wehrtechnik, Verkehrstechnik und Linearmotortechnik.

Wesentlicher Bestandteil ist die Mannesmann Plastics Machinery AG, München, mit den Tochtergesellschaften Krauss-Maffei Kunststofftechnik GmbH, München, Berstorff GmbH, Hannover, Netstal-Maschinen AG, Näfels/Schweiz, Billion S.A., Oyonnax Cedex/Frankreich, Demag Ergotech GmbH, Schwaig und Wiehe, sowie Van Dorn Demag Corp., Strongsville/USA.

7 Friedrich Stübbe – noch ein Nachkriegspionier des Spritzgießens

In dem engen Backstein-Pförtnerhäuschen einer kleinen Graugussgießerei in Kalldorf an der Kalle (Kalletal), nicht weit von Vlotho an der Weser, konstruiert 1950 der am 27. Juli 1906 geborene Schuhfabrikant Friedrich Stübbe mit einem technischen Zeichner aus erworbenen Einzelteilzeichnungen seine erste Kunststoff-Spritzgießmaschine – das Gleiche, was Herbert Goller zur selben Zeit in seinem Nürnberger Ankerwerk tut!

Es ist eine „Ein-Mann-Schau", die erste Stübbe-Maschine, aber keine Eintagsfliege: 1951 entstehen drei, im nächsten Jahr zehn Maschinen. Die Zeit ist reif für Kunststoff-Spritzgussteile, die Maschinen sind gut, und Kalldorf ist keine Insel. Das Geschäft läuft, die Kunden kommen zu Friedrich Stübbe – er ist der typische Unternehmer alten Schlages, einer, der die Ärmel hochkrempelt und der den richtigen Riecher für Markt und Technik hat.

So ist also auch Wachstum für ihn angesagt: Es entstehen nach und nach neue Fertigungs- und Montagehallen, moderne Fertigungsmaschinen ersetzen die alten Nachkriegsmodelle; 1960 zählt das Unternehmen, die von Friedrich Stübbes Vater gegründete Albert Stübbe Maschinenfabrik GmbH, bereits 250, 1966 schon über 800 Mitarbeiter.

Schließlich sind es vier Produktionen, die Friedrich Stübbe betreibt und betreut, die Fabrik für Spritzgießmaschinen, die Produktion von Schuhreparatur-Erzeugnissen, die Kunststoffarmaturen-Herstellung (unter anderem Kugelhähne) und die Fabrik für das Stübbe Faltenband (Förderband).

Aus der Lederhandlung und Schuhfabrikation alten Zuschnitts in Vlotho macht der gelernte Bankkaufmann Friedrich Stübbe, der seinen Vater Albert – er wurde nur 44 Jahre alt – 1921 bereits mit 15 Jahren verlor, nach und nach eine Kunststoffspritzerei.

Apropos Schuherzeugnisse: Er produziert millionenfach die beliebten Pfennigabsätze, spritzgegossen unter anderem aus verschleißfestem Polyurethan und Polycarbonat – und lässt sie von Frauengruppen kilometerweit testen.

Die aus der eigenen, rund um die Uhr laufenden Produktion gewonnenen Erkenntnisse überträgt Stübbe in die Konstruktion seiner Spritzgießmaschinen, die seine Kunden durch Qualität und Lebensdauer überzeugen.

Immer größere Maschinen werden verlangt, allerdings kommt die Montagekapazität bei 900 Tonnen Schließkraft an ihre Grenzen. Ab 1963 entstehen neben den Standardmaschinen (SKM- und S-Reihe) auch Sonderbaureihen wie Schiebetischmaschinen für das Umspritzen von Einlegeteilen (TSM-Reihe), Drehtischautomaten mit bis zu zehn Stationen für das Anspritzen von Schuhsohlen aus Kautschuk und Weich-PVC an vorbereitete Schuhschäfte und Drehtisch-Anlagen unter anderem für die Produktion von Möbelteilen – es entsteht die größte derartige Drehtischanlage der Welt, die bei Firma Krupp in Rheinhausen gefertigt und montiert wird.

Frankreich, England und Skandinavien entwickeln sich für Stübbe zu großen Exportmärkten. So entschließt man sich, in Portadown, Nordirland, eine Fertigungsstätte zu errichten, um den UK-Markt qualifiziert bedienen zu können. Stübbe hat Ende der 60er Jahre weltweit zirka 1300 Mitarbeiter und ist einer der größen Spritzgießmaschinen-Hersteller Deutschlands. Das Unternehmen wird 1970/71 von der Demag AG übernommen und in die Demag Kunststofftechnik integriert.

Unabwendbar wird 1975 die Schließung des Kalldorfer Werks im Zuge der durch die Rezession notwendig gewordenen Anpassungsmaßnahmen.

Friedrich Stübbe stirbt am 1. Januar 1998 im 92. Lebensjahr in Bad Oeynhausen.

Seine frühere Produktion von Armaturen (unter anderem Kugelhähne), Fittingen und Pumpen (zum Beispiel Norm- und Tauchpumpen) aus Kunststoff – mittlerweile auch der dazu gehörenden Mess- und Regeltechnik – sowie von technischen Formteilen aus Thermoplasten und PUR in Vlotho wird unter neuen Inhabern als ASV Stübbe GmbH & Co. KG, Vlotho, fortgeführt.

Zwei ehemalige Stübbe-Mitarbeiter aus der Spritzgießmaschinen-Konstruktion, Diplom-Ingenieur Günther Neddermann und Diether Grundorf, bringen ihr Know-how in die plasma Ingenieur- und Verkaufsbüro Neddermann & Grundorf GmbH & Co. KG, Vlotho, ein. Ihre Geschäftsfelder sind der An- und Verkauf gebrauchter Stübbe-Spritzgießmaschinen und anderer Fabrikate sowie deren Instandhaltung und Ersatzteileversorgung, darüber hinaus Beratung und Realisierung in den Bereichen Industrieautomation und Verfahrenstechnik.

Verfasser: Hans-Joachim Brinkman, Demag Ergotech GmbH, Technischer Vertrieb (bis 1971 Stübbe Maschinenfabrik GmbH, Konstruktion Drehtischmaschinen)

8 Die 80er: Konzentration/Krise und Sanierung

8.1 Zeitzeuge: Winfried Witte
Von der „Hausmacher"-Krise zur Eigensanierung

Winfried Witte, Vorstandsvorsitzender der Mannesmann Rexroth AG, Lohr am Main, in den 80er Jahren alleiniger Geschäftsführer der Mannesmann Demag Kunststofftechnik, Schwaig.

Die klare Aufgabe, die ihm gestellt war, nämlich die Sanierung des Unternehmens Mannesmann Demag Kunststofftechnik, begann er als Produktionsfachmann mit der gleichzeitigen Restrukturierung von Fertigung und Produkt, wobei eigene Rentabilität und Kundennutzen in Einklang zu bringen waren.

„Die Krise und die Notwendigkeit zur Sanierung der Mannesmann Demag Kunststofftechnik Ende der 70er, Anfang der 80er Jahre hatte vor allem hausgemachte Ursachen: Das zeitweise Nebeneinander verschiedener Baureihen von Spritzgießmaschinen nach der Zusammenführung der in Firmenstrategie und Produktphilosophie sehr unterschiedlichen Unternehmensteile, der verständliche Versuch, aus der ‚gemeinsamen' D-Reihe die Eier legende Wollmilchsau zu machen, das verordnete Ziel, zu konsolidieren und gleichzeitig zu wachsen, – das alles fiel zusammen mit dem mehr als retardierenden Moment eines nach 1975 rückläufigen Marktes.

Ich kam im Juni 1980 von der Demag Fördertechnik in den USA nach 13 Jahren Demag-Zeit ohne spezifische Kenntnisse der Kunststofftechnik und des Kunststoffmaschinen-Geschäfts nach Schwaig und löste dabei drei gestandene Geschäftsführer ab. Nach zwei Monaten kritischen Durchforstens und Rechnens war uns klar, dass MDKT 1980 bei zirka 120 Millionen DM Umsatz statt der vorausgesagten zehn Millionen einen Verlust von 20 Millionen DM machen würde und dass wir die angestrebte Gewinnzone nicht wie erhofft schon 1981, sondern erst zwei Jahre später erreichen würden. Ich bin mir ziemlich sicher, dass damals seitens des Demag-Vorstands Überlegungen angestellt wurden, ob man das Unternehmen verkaufen sollte, ein Schließen hätte vermutlich 60 Millionen DM gekostet. Man hatte sich aber doch entschlossen, es mit einer Sanierung zu versuchen – und mit einem ehrgeizigen und unbelasteten Nobody.

Eigentlich ging es sofort los, erst Ende Juni hatte ich Gelegenheit, noch mal in die USA zu reisen, um mich dort offiziell zu verabschieden. Anfangs war ich gleichzeitig Geschäftsführer, Vertriebschef, Werksleiter, Leiter AV, Materialwirtschaft und Qualitätssicherung mit 25 Mitarbeitern, die direkt an mich be-

richteten – ein untragbarer Zustand, den ich dadurch beendete, dass ich nach 25 Einzelgesprächen ein Führungsteam aus sieben Personen bildete.

Wir gingen jetzt Schritt für Schritt daran, das anvisierte Ziel zu realisieren, nämlich die bisher bestehenden Standorte, Nürnberg/Rennweg, Nürnberg/ Klingenhofstraße und Jünkerath, in Schwaig zu integrieren – was natürlich für den Spritzgießmaschinenbau in Jünkerath/Eifel durch den Verlust von Arbeitsplätzen eine Katastrophe war. Ich erinnere mich deutlich an den Tag, als ich dort auf einer Kiste unter einem von der Belegschaft hochgehaltenen Galgen diese folgenschwere Sanierungsentscheidung verkünden musste. Die Gießerei in Jünkerath wurde dagegen erhalten und nach und nach wieder in die Gewinnzone geführt.

‚Es wird keine Maschine gebaut, es sei denn, sie hat einen Kunden‘, soll ich damals gesagt haben; auf jeden Fall war dies der Leitgedanke bei der Reorganisation der Schwaiger Fertigung. Wir gingen sehr schnell ab von dem bisherigen Verfahren, voll ausgestattete Maschinen zu fertigen, auf Vorrat bereitzustellen und sie später gemäß einem Kundenauftrag wieder zu zerrupfen und neu mit Zusatzeinrichtungen zu bestücken. Die Stichworte dieser Restrukturierung waren unter anderem: Abmagern und stärkeres Modularisieren des D-Baukastens, modulare Vormontage-Führung und neues EDV-System.

Später wurde die D-Reihe im Bereich 60 bis 800 Megapond Schließkraft noch einmal im Hinblick auf Steuerung und Ausstattung einem wertanalytisch orientierten Re-Engineering unterzogen; so entstand unter anderem in Zusammenarbeit mit Siemens die NC II-Steuerung mit Bildschirm als Standard, die später dann zur NC III mit intelligentem Bedienterminal weiterentwickelt wurde.

In jener Zeit ließen sich unter anderem Investitionsentscheidungen schnell und reibungslos durchsetzen, weil ich volle Rückendeckung vom Demag-Vorstand in Duisburg hatte. Die manchmal radikale Vorgehensweise bei der Sanierung von MDKT war für die damaligen Verhältnisse einmalig in der Demag. Auch das Ergebnis: 1984 hatten wir als kleinster Geschäftsbereich der Demag den größten absoluten Gewinn abgeliefert.

Ein fast anekdotisches Erlebnis, das die Stimmung im Werk zu Beginn des Jahres 1980 beleuchtet, ist die Sache mit dem Kennzeichen meines Dienstwagens. Ich fing immer morgens um sieben Uhr in Schwaig an und fuhr anschließend mit dem Dienst-Mercedes, amtliches Kennzeichen N-KE 360, in den Rennweg in Nürnberg. Nach einem halben Jahr verriet man mir dort die Interpretation dieser Buchstaben-Zahlen-Kombination: Nürnberg – Konzern-Ermächtigung, in 360 Tagen das Unternehmen zu schließen, was ja Gott sei Dank nicht nötig war.

Ein weiteres Ziel, das wir in kurzer Zeit und mit Erfolg realisieren konnten, war die Wiedererlangung der ‚guten alten maschinenbaulichen D-Qualität‘, gestützt auf eine der modernsten Steuerungen und verbunden mit unbedingter Termintreue.

In diesem Sinne haben wir auch die Produktpalette für neue Einsatzgebiete verbreitert, unter anderem durch die Entwicklung von Großmaschinen bis zu einer Schließkraft von 4000 Tonnen. So haben wir damals an Ford eine ganze Reihe von Maschinen mit 2500 Tonnen Schließkraft geliefert – ich erinnere mich, dass wir mit einigen dieser Maschinen Probleme mit im Endgewinde abreißenden Holmen bekamen, weil ich deswegen aus dem Sommerurlaub gerufen wurde.

Für die in den 80ern stark zunehmende Automatisierung von Spritzgießfertigungen wurde eine eigene Entwicklungs- und Projektgruppe ins Leben gerufen, deren Aufgaben von kleinen Einzellösungen über Fertigungszellen bis zu kompletten, schlüsselfertigen Fertigungsprojekten reichten.

Schließlich taten wir die ersten Schritte zu einer Kleinmaschinenreihe. Sie sollte nicht identisch mit dem sein, was es schon auf dem Markt gab – wir haben sogar mit einem Maschinenbett aus Polymerbeton experimentiert, bis schließlich ein vollhydraulischer Prototyp im Labor lief.

In dieser Phase der Sanierung erschien mir besonders wichtig, die Mitarbeiter teamfähiger zu machen und die Kommunikation und Ideenfindung im Unternehmen zu fördern: Mit Hilfe des proTransfer-Teams in Basel haben wir unter dem Begriff ‚Transferprojekt‘ interdisziplinäre Teams gebildet, was natürlich auch die Führungsweisen von Mitarbeitern berührt hat, ich meine das, was wir heute mit ‚Sozialer Kompetenz‘ bezeichnen. Damals haben einige leitende Mitarbeiter die schmerzliche Erkenntnis gewinnen müssen, dass sie in ihren Gruppen nicht mehr akzeptiert wurden.

Ich konnte auch Herbert Goller nach langer Abwesenheit wieder durchs Werk führen, was für ihn und für mich ein wichtiges Erlebnis war, doch bevor ich den Kontakt zu ihm verstärken konnte, ist er zwei Tage vor seinem nächsten geplanten Besuch am 15. Mai 1982 gestorben.

Als ich Ende 1989 zu Mann & Hummel in die Firmenleitung nach Ludwigsburg wechselte, konnte ich meinem Nachfolger ein Unternehmen übergeben, das technisch an der Spitze stand, wirtschaftlich gesund war und sich wieder einen stabilen Marktanteil gesichert hatte. Wir hatten in moderne Fertigungseinrichtungen investiert, wie ein automatisiertes Lager mit Wareneingangs- und Kommissionierzone, besaßen eine Fertigungsstraße mit Bearbeitungszentren, die über einen automatischen Werkzeugwechsel verfügten und per Zentralrechner gesteuert wurden – übrigens ein Novum in der gesamten Demag. Dazu stand die Jünkerather Gießerei auf sicheren Beinen. Unbefriedigend war zu diesem Zeitpunkt für mich, dass wir die Internationalisierung nicht in dem Maß hatten vorantreiben können, wie das notwendig gewesen wäre.“

Die Schwaiger Fertigung (als Ganzes) berichtet über ihre neue Ausrichtung, das heißt über die wirtschaftliche Produktion unter fertigungstechnischen – nicht mehr nur maschinenkonstruktiven – Gesichtspunkten:

> „Immer auf die Großen, kann ich da nur sagen! Was haben sie an mir rumgenörgelt – zu Recht, wie ich später einsehen musste, damals, Anfang der 80er, als ich im Laufe der Jahre zu stattlicher Größe herangewachsen war! Statt, wie es mir in die Maschinenbetten gelegt wurde, auf meine Weise immer ein bisschen vorausschauend zu handeln und auf alle Eventualitäten, sprich Aufträge, vorbereitet zu sein, sollte ich von jetzt an erst dann in Aktion treten, wenn's für eine Maschine auch wirklich einen Kunden gab. Dabei fühlte ich mich doch so wohl, wenn mein Bauch voller fertiger Maschinen war. Zugegeben, man musste diese nach der Bestellung oft wieder umbauen, ja sogar regelrecht ‚zerrupfen', um sie den Kundenwünschen anzupassen, aber na ja. Schneller sollte es natürlich auch noch gehen – die Durchlaufzeiten wären zu lang, sagte man mir.
> Ich musste also abnehmen, ob ich wollte oder nicht, mit einem Facelifting war's nicht mehr getan, meinten meine Planer. Also wurden meine ‚Problemzonen' umgestaltet und für die Arbeit an Baugruppen fit gemacht, die man, sind sie erst vormontiert, auch schnell kombiniert. An allen Ecken und Enden rückte man mir zu Leibe, wobei es die ‚Organe' Lager, Wareneingang, Vor-Kommissionierung und Vor-Montage am härtesten traf. Die wurden regelrecht runderneuert, um die Durchlaufzeiten zu verringern. Plötzlich hing ich mit allen Abläufen am Großrechner der Demag-Fördertechnik. Und mitten ins Herz implantierte man mir eine neue Straße mit zentral über Computer gesteuerten Bearbeitungszentren, mit automatisch wechselnden Werkzeugen, was unter meinen Kolleginnen im Demag-Konzern seinerzeit einmalig war. Auf einmal fluppte es richtig bei mir. Ja, auch deshalb habe ich mich schnell mit der neuen, aufregenden Situation abgefunden.
> Und ohne die überflüssigen Pfunde fühlte ich mich richtig fit – ehrlich, ich lief und lief und lief … schneller und eben auch wirtschaftlicher, was ja der tiefere Sinn der Übung war."

Ökonomie: Die 80er, das heißt bei Mannesmann Demag Kunststofftechnik und für Winfried Witte: Bewältigung der Krise, die von außen kam, teilweise aber auch hausgemacht war. Zunächst also Konzentration des Unternehmens auf den Standort Schwaig: Die Standorte Nürnberg/Rennweg (Vertrieb, Verwaltung, Anwendungstechnik), Nürnberg/Klingenhofstraße (Kundendienst-Zentrum, Extrusionstechnik), Jünkerath (Maschinenbau, Gießerei) werden in den bestehenden Standort Schwaig integriert und installiert, der Jünkerather Spritzgießmaschinenbau erst später, nachdem in Schwaig eine neue Halle errichtet ist.

Für die Jünkerather Region ist dieser Verlust von Arbeitsplätzen natürlich eine Katastrophe. Doch das Werk wird noch in den 80ern durch die Investition von Know-how und Kapital in die Gießereitechnik zu seinem originalen technischen Ursprung, zu Erfolg, Gewinn und Stabilität zurückgeführt.

Doch gehört mehr zur Sanierung des Patienten MDKT, bis er wieder auf zwei gesunden Beinen steht: unter anderem das Verschlanken und Modularisieren des Baukastens der D-Reihe und ein darauf aufbauendes Stücklisten-System; durch entsprechende Maßnahmen in der Montage wie Vorkommissionierung, modulare Vormontage-Führung, und durch ein neues EDV-System – es ist an den Großrechner der Demag-Fördertechnik gekoppelt – werden die Montagezeiten bei Serienmaschinen je nach Größe auf zwei bis vier Wochen gedrückt.

Technologie I: Außer dem Re-Engineering des D-Baukastens wird die D-Reihe von 60 bis 800 Megapond Schließkraft in einem zweiten Anlauf quasi neu konstruiert und wertanalytisch überarbeitet; neben der Digitalhydraulik entstehen die Steuerungs- und Ausstattungsvarianten P, das steht für Proportional, und K, das bedeutet Kompakt. Eine wesentliche Entscheidung ist, die zusammen mit Siemens entwickelte NC II-Steuerung mit Mikroprozessor und Bildschirm zum Standard zu machen, wodurch sie zum Maßstab im Markt wird; 1986 wird sie durch die nächste Entwicklungsstufe abgelöst: die leitrechnerfähige NC III-Steuerung mit CPU, intelligenten Baugruppen und dem intelligenten Bedienterminal (mit eigenen Mikroprozessoren) als Kernstück.

Technologie II: Ab 1983 werden Großmaschinen entwickelt und unter anderem für General Motors Brasilien im Rahmen eines 20-Millionen-DM-Auftrags bei Demag do Brasil in Vespasiano gebaut; die größte, mit Kniehebel und 4000 Tonnen Schließkraft, geht nach Südafrika. Auch Ford ordert eine ganze Reihe von D-Großmaschinen mit 2500 Tonnen Schließkraft.

In der zweiten Hälfte der 80er wird die Produktpalette für neue Anwendungsfelder erweitert, unter anderem durch die Konstruktion von Mehrkomponenten- und Schnelllaufversionen der D-Reihe. Und es entstehen erste Konzepte für eine Kleinmaschinen-Reihe.

Technologie III: 1986 wird die Gruppe Automatisierungstechnik gebildet, die sich mit der Integration der Peripherie der D-Spritzgießmaschinen, zum Beispiel von Handlinggeräten, in den Prozessablauf befasst und mit den Kunden detaillierte Automatisierungskonzepte entwickelt; dazu gehört auch der Einsatz von CAS/CAP-Zentralrechnern. Weitere wesentliche Aufgaben sind die Entwicklung von Automatisierungs-Software, des automatischen Werkzeugwechsels und Werkzeugtransports von und zum stationären Werkzeuglager, von automatischen Spritzgieß-Fertigungszellen und Layouts schlüsselfertiger Spritzgießfabriken, wie Turn-Key-Projekte für Einwegspritzen.

Qualität: Klagen der Versuchs- und Abnahmeabteilung über mangelnde Qualität in Verbindung mit der NC II-Steuerung führen zu einer Kundenaktion: Die Maschinen sollen nicht beim Kunden, sondern in Schwaig ausgetestet werden, weswegen den Kunden Ersatz angeboten wird oder die Möglichkeit, vom Vertrag zurücktreten zu können, wenn sie die zusätzliche Testzeit zur Qualitätssicherung nicht in Kauf nehmen wollen. In kürzester Zeit wird nicht nur das alte D-Qualitätsniveau wieder erreicht, sondern darüber hinaus Termintreue und verbindliche Aussagen gegenüber dem Kunden.

Internationalisierung: Die ersten Schritte werden in diesem Jahrzehnt getan und in den 90ern von Wittes Nachfolger Wolfgang von Schroeter fortgeführt und intensiviert.

Allgemein: Zeit für ein Panorama der Spritzgießtechnik am Ende der 80er Jahre. Die zumindest im K-Jahr 1989 größte Kunststoff-Verarbeitungsmaschine der Welt – für das Mehrkomponenten-Spritzgießen und die Entwicklung kombinierter Verfahren zur Herstellung von Automobil-Großteilen – ist die Alpha 1, ein Gemeinschaftsprojekt der Firmen Krauss-Maffei (3-zylindrige Spritzeinheit), Dieffenbacher (vertikale 5000-Tonnen-Schließeinheit) und GE Plastics (Materialien, Anwendungen, Verfahren).

Eine besondere Rolle beim Spritzgießen spielt seit Ende der 80er die Gas-Injektions-Technik (GIT) mit der Variante Gas-Ausblas-Technik (GAT). Viele firmenspezifische Namen entstehen für dieses Verfahren, mit dem mittels inertem Gas gezielt Material- und Zykluszeit sparende Hohlräume in das Formteil eingebracht werden können: Airfoam und Airmould, Airpress, Cinpress, Gasmelt oder GID.

Dieses Jahrzehnt wirkte auch antreibend auf die Entwicklung der Antriebe von Spritzgießmaschinen: Zwei japanische Firmen stellen 1983 die ersten Baureihen vollelektrischer Maschinen vor. Bis in die 90er werden eine ganze Reihe von Firmen gleichziehen. Als Antrieb dienen Synchron- oder Asynchron-Servomotoren mit Zahnradgetriebe oder Zahnriemen für die Schneckenrotation (Plastifizieren) und das Umsetzen der motorischen in eine lineare Drehbewegung über eine Spindel, Zahnstange oder Kurbeltrieb für die Werkzeug-, Schneckenvorlauf-, Schließeinheit-, Auswerferbewegung – und zwar direkt oder über Getriebe. In Österreich wird die Spritzgießmaschine Ende der 80er Jahre sogar ihre Säulen los. Auf diese Zuhaltevariante werden wegen der verbesserten Zugänglichkeit des Werkzeug-Einbauraums in den 90ern auch einige andere Hersteller aufmerksam.

Und schon in den 70ern trennten sich einige Spritzgießmaschinen-Hersteller von der dritten Platte des Formschlusses, unter anderem, um die Aufstellfläche der Maschine zu verkleinern.

Das ursprüngliche Zweifarben-Spritzgießen erweitert seine Anwendungsbreite auf das 2/3-Farben- und 2/3-Komponenten-Spritzgießen, auf das Sandwich-Moulding nach dem Haut/Kern-Prinzip und auf das Spritzgießen von Hart/Weich-Kombinationen.

8.2 Zeitzeuge: Dieter Schreeg
Vom Plastmaschinenwerk Wiehe zur Demag Ergotech Wiehe GmbH
Dieter Schreeg, Werkleiter Demag Ergotech Wiehe GmbH, Thüringen, war bis Ende 1990 Geschäftsführer der Plastmaschinenwerk Wiehe GmbH, wo er 1970 als wissenschaftlicher Mitarbeiter des Betriebsdirektors seine Karriere im Kunststoffbereich begann.

Er löste 1990 das auf Spritzgießmaschinen kleinerer Bauart spezialisierte ehemalige Plastmaschinenwerk Wiehe aus der Umform- und Kunststofftechnik Erfurt AG und sorgte für dessen harmonische Einbettung in die Unternehmensstruktur der Mannesmann Demag Kunststofftechnik.

„In der Geschichte des Plastmaschinenwerks Wiehe spiegelt sich im Positiven wie im Negativen die politische und wirtschaftliche Befindlichkeit, aber auch die Arbeitsethik der ehemaligen DDR wider.

Zur Vorgeschichte des Werkes. Das 1903 in Berlin gegründete Unternehmen Bosek siedelt 1924 nach Wiehe um. Vor allem Farbband- und Kohlepapiermaschinen werden hergestellt. Im April 1949 entsteht auf der Grundlage eines Vertrages mit dem Rat des Kreises Kölleda der Volkseigene Betrieb Maschinenfabrik Wiehe.

Ähnlich wie 1945 beim Start der Ankerwerk Gebr. Goller Nürnberg in den Kunststoffmaschinenbau ist es ein Kunde, der Füller- und Kugelschreiber-Hersteller Heise aus Halle, der 1950 zu uns nach Wiehe zur KWU-Maschinenfabrik Wiehe mit dem Auftrag kommt, für ihn eine Spritzgießmaschine zu bauen. Diese ersten Konstruktionen kommen aus der Reißfeder von Ingenieur Fritz Gebauer, der zunächst das Modell SG 1 und im Jahr darauf die SG 2 zeichnet und entwickelt, die bis 1959 gebaut werden. Beide Maschinen haben einen elektrohydraulischen Einzelantrieb des Plastifizierkolbens, während der Formschluss bei der SG 1 noch von Hand über einen Einfachkniehebel, bei der

SG 2 bereits hydraulisch, betätigt wird. Und beide haben noch keine elektrische Ablaufsteuerung, sondern werden von handbetätigten Hydraulikventilen gesteuert.

Aus diesen Anfängen entsteht im Januar 1958 der VEB (Volkseigener Betrieb) Plastmaschinenwerk Wiehe mit zirka 70 Mitarbeitern, das erste Plastmaschinenwerk der DDR. Werk und Mitarbeiter haben sich, und darauf waren wir alle stolz, zahlreiche Staatsauszeichnungen erarbeitet, unter anderem den Vaterländischen Verdienstorden in Gold, die Medaille für ausgezeichnete Leistungen im sozialistischen Wettbewerb, die Auszeichnung Betrieb der vorbildlichen Ordnung und Sicherheit.

Nach den Weiterentwicklungen der ersten Gebauer-Konstruktionen, den Modellen SGV 15 (eine Vertikalmaschine), SGH 30 und 60 – Letztere hat einen vertikal stehenden Schließzylinder für den Antrieb des Einfachkniehebels und erstmals ausschließlich hydraulische Achsen, kommt 1963 mit der KuASY 63 der erste elektrohydraulische Spritzgießautomat, der bis 1967 gefertigt wird. Wobei KuASY für Kunststoff-Automat Spritzgießen Hydraulisch steht. Fehlt das Ypsilon am Ende, bedeutet dies, dass ein elektromechanischer, also kein hydraulischer Antrieb vorliegt. Eine solche Maschine ist die 1966 bis 1972 in Wiehe gebaute KuAS 1,6 x 2, die erste vollelektrische Kolben-Spritzgießmaschine mit nur einem (polumschaltbaren) Motor mit zwei Drehzahlen, der alle Bewegungen (Werkzeug schließen, Düse anlegen, Dosieren, Einspritzen) über ein Kurbelrastgetriebe mit Wechselrädern bewerkstelligt: Der Nachdruck wird ‚pneumohydraulisch' aufgebracht. 1972 bis 1989 geht die Fertigung dieser Maschine an den VEB Plastmaschinenwerk Schwerin (zum VEB Kombinat Trusioma gehörend), wo man Lehrlingen die Produktion des Schnellläufers überträgt.

Die erste Spritzgießmaschine mit Schneckenplastifizierung und einem Vierpunkt-Doppelkniehebel, die 1966 bis 1974 gebaute schwenkbare KuASY 25 x 32, ist ein echter Vorläufer der von 1974 bis in die Mitte der 80er Jahre gebauten KuASY 100/25, die eine Art Schlüsselfunktion für die späteren Modelle hat. Bei der Entwicklung der KuASY 100/25 verfolgen wir konsequent eine Reihe wichtiger Ziele: das Baukastensystem für die Baugröße 25 Megapond, die Verbesserung der technischen Parameter, Einführung des Fünfpunkt-Doppelkniehebels und Doppelpumpensystem, die Leistungs- und Verfahrensfähigkeit, die Verfeinerung der Steuerungstechnik, die Erhöhung des Bedienkomforts, vor allem aber die Steigerung der Funktionssicherheit und Zuverlässigkeit und nicht zuletzt die deutliche Verbesserung der Wirtschaftlichkeit für den Hersteller wie für den Anwender.

Die Maschine erhält für ihre fortschrittliche, auf hohe Produktivität ausgerichtete Technik auf der Leipziger Herbstmesse 1974 eine Goldmedaille und ein Ehrendiplom auf der POLYMER 1974 in Moskau.

Den ersten Spatenstich für den Neubau des Werks an der Donndorfer Straße machen wir im Oktober 1967; er wird notwendig, weil in dem Gebäude am Markt 9 keine Ausdehnungsmöglichkeit mehr besteht.

1969 feiern wir das 20-jährige Jubiläum des Plastmaschinenwerks Wiehe – auf unsere Weise: durch die Teilnahme an Informationsausstellungen in Moskau, Leningrad, Kiew und Tbilissi (Tiflis). Seit 1957 können wir die Industrielle Warenproduktion (IWP, vergleichbar mit dem Umsatz) um das Fünffache und den Export seit 1960 um mehr als das Sechsfache steigern.

Im September werden auf dem Feldscheunenplan, der heutigen Straße ‚Am Fliegental‘ 18 neue Wohneinheiten für unsere Mitarbeiter fertig; im Oktober wird der Teilbetrieb der mechanischen Fertigung im neuen Werk aufgenommen, ein halbes Jahr vor dem geplanten Termin. Im gleichen Jahr starten wir die Einführung der KuASY 25 x 32-I. Die Zahl der Mitarbeiter ist seit 1960 von 76 auf 212 gestiegen.

Am 1. Mai 1970 nimmt das neue Werk endgültig die volle Produktion auf, diesmal vier Monate vor der Zielstellung; Ende des Jahres wird die erste NC-Werkzeugmaschine in Betrieb genommen, ein Jahr später der erste Kleinrechner Typ SER 2 d für kaufmännische Prozesse. Gleichzeitig wird der Bau der KuASY 6,3 x5 begonnen, nach drei Jahren aber wieder eingestellt, weil dafür 1972 die KuASY 150/50 ins Programm genommen wird.

Die Mitarbeiter, 1970 sind es 314, leisten bis dahin 13500 freiwillige Arbeitsstunden für das neue Werk, was sich für den Betrieb in einem Mehrgewinn von zwei Millionen Mark niederschlägt. Als ‚Gegenleistung‘ wird im gleichen Jahr eine Werksküche mit Speisesaal eingerichtet, die medizinische Betreuung der Mitarbeiter durch das Landambulatorium Wiehe übernommen, und im September können von unseren Mitarbeitern 60 weitere Wohnungen bezogen werden.

Zwei weitere Ereignisse von 1972 sind mir deutlich in Erinnerung: Im November können wir die 1000. Spritzgießmaschine aus Wiehe an Herrn Moskatenko von der Sowjetischen Handelsvertretung übergeben, und wir beginnen mit dem Bau der KuASY 25 x32-II mit weiter verbesserter Steuerungstechnik. 1971 führen wir die elektronische Steuerung – importiert von Firma Buhl, Dänemark – bei unseren Maschinen ein, allerdings ausschließlich bei den für den so genannten NSW-Markt (NSW = nicht sozialistisches Wirtschaftsgebiet) bestimmten Versionen.

Die Übernahme der Produktion der KuASY 150/50 – sie erhält ein Jahr später das Gütezeichen ‚Q‘ – zwingt uns 1973 zur grundlegenden Umgestaltung der Fertigung, also des mechanischen Bereiches und der Montage. Diese ebenfalls mit Fünfpunkt-Doppelkniehebel- und Doppelpumpeneinheit ausgestattete Schneckenkolbenmaschine ist im VEB Wema Johanngeorgenstadt im Erzgebirge, nahe der Grenze zum heutigen Tschechien, entwickelt und dort bereits zwei

Jahre lang gebaut worden. Noch zur Fertigung: Unter anderem wird ein neues Hochspannungs-Prüffeld eingerichtet, die Farbgebungsanlage in Richtung Zweifarbigkeit der Maschinen erweitert, ein Zwischenlager für mechanische Teile installiert und die Blechbearbeitung durch den Einsatz einer hydraulischen Presse rationalisiert.

Im Übrigen ist die Spritzgießmaschinen-Produktion in der damaligen DDR so aufgeteilt, dass Maschinen bis 55 Tonnen Schließkraft in Wiehe, solche bis 500 Tonnen in Freital bei Dresden, die spätere Sächsische Kunststofftechnik GmbH SKT, und die über 500 Tonnen im VEB Plastmaschinenwerk Schwerin, heute HPM Hemscheid GmbH, gebaut werden.

In den folgenden Jahren, etwa bis 1980, arbeiten wir besonders intensiv an der Weiterentwicklung unserer Produkte: Ab 1975 werden alle Maschinen serienmäßig mit elektronischer Steuerung ausgerüstet, der Schneckenkolben-Antrieb der 150/50 erhält eine höhere Leistung und die hydraulischen Antriebe werden mit neuen Hydraulikgeräten deutlich geräuschärmer gemacht. 1978 wird die KuASY 160/50 entwickelt, mit einer größeren, die gestiegenen Marktanforderungen erfüllenden Spritzeinheit.

Es folgen weitere, verbesserte Modelle (KuASY 100/25-W, 100/25-I) und schließlich die KuASY 170/50 mit komplett neuer Hydrauliksteuerung und auf einen Nenndruck von 320 bar ausgelegten, neuen Hydraulikkomponenten.

Zu Beginn der 80er Jahre entwickeln wir die für unsere Qualitätsansprüche erste wirkliche Präzisionsmaschine für Kleinteile, die KuASY 60/20, die wie alle ab 1983 gebauten Maschinen bis zur Wende in großen Stückzahlen produziert wird. Die KuASY 60/20 ist eine für unser damaliges Spektrum ungewöhnlich kleine Maschine; sie besitzt eine 18er Schnecke sowie die erste selbst entwickelte speicherprogrammierbare Ablaufsteuerung (SPS).

Die Steigerung der Präzision resultiert in erster Linie aus einem großen, feinfühlig definierbaren Spritzhub und dem Einspritzen über Proportionalventile. Das ,U' des 1985 eingeführten Nachfolgemodells KuASY 60/20 U steht für ,Universal', was wir dadurch erreichen, dass die Arbeitseinheiten (Schließeinheit und Spritzeinheit) aus der Grundstellung horizontal/horizontal über Zusatzeinrichtungen motorisch in die Stellungen vertikal/horizontal und horizontal/vertikal gebracht werden können.

1986 gibt es gleich zwei große Anlässe zum Feiern: Im Februar geht die 5000. Maschine in die Sowjetunion, im Dezember wird die 10000. Maschine seit 1970 gefertigt. In unseren Büros halten die ersten Personal-Computer Einzug – acht PCs 1715 (das ist die Typnummer, nicht das Herstellungsjahr!) der Firma Robotron bilden den Grundstock für den Einstieg ins Informationszeitalter.

Ein wichtiger Innovationsschub gelingt uns 1987 mit der KuASY 170/55-I und der KuASY 170/55-II electronic, die ersten größeren Maschinen mit wei-

terentwickelter speicherprogrammierbarer Ablaufsteuerung, die eine mit ‚schwarz/weiß'-Ventilen, also Digitalhydraulik für die Förderstromsteuerung, die andere mit Proportionalventilen zur Regelung von Druck und Förderstrom. Dieses Konzept wird ein Jahr später auch auf die kleineren KuASY 105/32-I und KuASY 105/32-II electronic übertragen. Außerdem gibt es erneut eine Premiere: Die KuASY 170/55-III programatic, erstmals mit einer Bildschirm-steuerung der Firma Gefran (Italien) – unter dem Gesichtspunkt der damaligen Versorgungslage in der DDR bezüglich hochwertiger Elektronik und Hydrau-lik eine enorme Leistung.

Ein Baustein zur adaptiven Regelung des Umschaltpunktes von Spritz- auf Nachdruck beim Einspritzen ist unsere letzte Entwicklung zu DDR-Zeiten. Das in den Maschinen KuASY 170/55-II SR und KuASY 105/32-II SR umge-setzte Patent hält Mannesmann heute noch.

Dann kommt die Wende und wir müssen einen leistungsfähigen Partner im Westen finden, nachdem sich im Rahmen des alten Kombinates Umformtechnik mit anderen Plastmaschinen-Herstellern keine zukunftsweisende Kooperation bilden lässt. Ich erinnere mich noch gut an die Verhandlungen mit Arburg und Klöckner-Ferromatik, Letztere führt fast zum Erfolg. Auch mit Engel und Krauss-Maffei gibt es Gespräche.

Erste konkrete Schritte in die freie Marktwirtschaft sind zunächst die Priva-tisierung des Plastmaschinenwerks Wiehe und dessen Umwandlung in eine GmbH, die Plastmaschinenwerk GmbH Wiehe.

Im Frühjahr 1990 führen wir Gespräche mit der Geschäftsführung der Mannesmann Demag Kunststofftechnik, Schwaig: Die damalige Geschäftsfüh-rung legt von Anfang an ein überzeugendes Konzept vor.

Im September stimmt die Umform- und Kunststofftechnik Erfurt AG (ehe-mals VEB Kombinat Umformtechnik – Herbert Warnke – Erfurt) unseren Mo-dalitäten für den Austritt aus dem Kombinat zu; am 23. November 1990 wird der Kaufvertrag zwischen MDKT und der Treuhandanstalt in Berlin unter-zeichnet.

Vor allem: Wir werden nicht wie viele andere Unternehmen über den sprich-wörtlichen Tisch gezogen, sondern werden ‚Mannesmänner' – und das nicht ohne Stolz, glaube ich ohne Einschränkungen für die gesamte Belegschaft sagen zu können."

9 Die 90er Jahre: Aufschwung durch Internationalisierung

Wechselgespräch der Baugruppen der Ergotech, bei dem jede ihre Vorzüge anpreist, die im Team zusammenwirken und die Ergotech und ihre Anwender erfolgreich machen.

„Ohne uns", argumentieren die nach innen ragenden und kurzbauenden Schließzylinder der Ergotech Fünfpunkt-Kniehebelmaschinen schlüssig, „würden auch weiterhin unnötig Platz und Energie verschwendet!"

„Ohne mich", konterte die vollhydraulische Schließeinheit voller Saft, „wären schnelle, weiche Bewegungen an den kleinen Ergotechs wohl nur schwer so kostengünstig möglich – und dazu habe auch ich zwei Schließzylinder plus Mengenübersetzer!"

„Keiner setzt die Energie so effizient und dynamisch um wie ich mit meinem hydrostatischen Getriebe", summte der nagelneue elektrohydraulische Kniehebel-Einzelantrieb der Ergotech EL-EXIS und fährt fort: „Noch dazu ist kaum einer so schnell und präzise."

„Ohne uns", stimmte jetzt das Sextett der drei Spritzeinheiten je Maschinengröße und der drei ruck, zuck jeweils darin einsetzbaren Schneckenzylinder spritzig mit ein, „ohne uns ließe sich das Schussvolumen bei einem Formteilwechsel nur mühsam anpassen, wär's mit der Flexibilität nicht sehr weit her."

„Flexibilität ist auch unsere Stärke", tönte es da aus dem Werkzeug-Einbauraum der drei unterschiedlichen lichten Säulenweiten, die sich für jede Schließeinheit anbieten.

„Ohne mich würdet ihr alle saft-, kraft- und bewegungslos in den Seilen, pardon Säulen und in der Spritze hängen", schnurrte die genügsame Zentralhydraulik leise und zufrieden vor sich hin.

„Moment, und was ist mit uns, den Paketen, ich meine mit den Leistungspaketen für die Bereiche Funktion, Material, Anwendung oder Formteile? Was würdet ihr denn machen ohne unsere verfahrenstechnische Kompetenz, ihr würdet …"

„Also, wenn das so weitergeht, werden sich gleich noch die Säulenmuttern melden und behaupten, sie wären das einzig Mütterliche an unserer Technik und würden sowieso alles zusammenhalten. Ja, was ist euch allen denn in die Holme gefahren? Ohne mich und mein Ergocontrol", sprach jetzt die NC4-Steuerung ein Machtwort, „wüssten weder die Bediener noch ihr darüber im Display Bescheid, was in welcher Reihenfolge zu geschehen hat und wo wir gerade mit unseren Abläufen stehen, aber das nur am Rande. Nur wenn alle Mitglieder unseres Baukastens – und ich spreche da durchaus in seinem Namen – gemeinsam den richtigen Fließweg gehen", so der Appell der „führenden" Ergotech-Baugruppe, „bekommt unser Anwender ein Produktionsmittel, das ihn in puncto Produktivität den entscheidenden Schritt nach vorn bringt. Also habt euch nicht so und tut gefälligst gemeinsam, wofür ihr konstruiert wurdet – präzise und vor allem rationell spritzgießen! Also ran an die Arbeit!"

9.1 Die 90er im Zeitraffer (Wolfgang von Schroeter)

In den 80ern führt Herr Witte das Unternehmen aus der Krise und reduziert die Standorte. Unter seiner Regie wird die existierende Modellpalette – die D-Baureihe – gestrafft. Im Jahr 1989, in dem Herr Witte ausscheidet, verlassen knapp 600 Spritzgießmaschinen das logistisch neu ausgerichtete Schwaiger Werk. Die Mannesmann Demag Kunststofftechnik (MDKT) leistet einen stabilen, positiven Beitrag zum Ergebnis der Duisburger Demag AG.

Im Jahr 1998 – zehn Jahre später – produziert Demag Ergotech in den Werken Schwaig und Wiehe insgesamt 2200 Spritzgießmaschinen und liefert in eine Vielzahl von Märkten. Hinzugerechnet werden zirka 750 Spritzgießmaschinen aus dem US-Werk von Van Dorn Demag (VDD). VDD gehört von 1991 bis 1997 zum Geschäftsbereich der MDKT und ist Teil der Globalisierung. Erfreulich auch die Ergebnisentwicklung der MDKT/Demag Ergotech. Die hoch gesteckten Erwartungen von Mannesmann sind 1998 in Reichweite. Was für einen Maschinenbauer in Deutschland keine Selbstverständlichkeit ist.

Rückblickend sind es die folgenden Meilensteine, die den erfolgreichen Weg der MDKT, heute der Demag Ergotech, durch die 90er Jahre markierten:

– Die vorbehaltlose Bereitschaft der Schwaiger Führungsmannschaft, sich auf die Ziele unter neuer Führung einzulassen.
– MDKT – wie viele deutsche Unternehmen – hat zwar exportiert, ist aber dem echten Kopf-an-Kopf-Wettbewerb auf internationaler Bühne ausgewichen und hat sich in die spektakuläre Technik geflüchtet: immer größere Maschinen, immer kompliziertere Anwendungen, immer anspruchsvollere Technik. Spritzgießmaschinen bis 4000 Tonnen Schließkraft zwischen den Platten. Der Markt für große Stückzahlen hingegen verlangt nach den preiswerten, kleinen Spritzgießmaschinen. Das Schwaiger Werk allerdings eignet sich für die Fertigung von Spritzgießmaschinen von 100 Tonnen Schließkraft und größer, vielleicht bis 1000 Tonnen, nicht aber zur Produktion von Kleinmaschinen unter 100 Tonnen in hoher Stückzahl. Die vordring-

liche unternehmerische Aufgabe ist die Beseitigung der traditionellen Schwäche der MDKT bei den Kleinmaschinen. Deshalb der Kauf des Kleinmaschinenwerks in Wiehe 1990.

– Nach mehr als zehn Jahren ist die D-Baureihe am Ende ihres Lebenszyklus angekommen. Auf der K '92 wird die neue Baureihe Ergotech der Öffentlichkeit vorgestellt. Sie ist entwickelt worden von Mitarbeitern der Entwicklung und Konstruktion, im Schulterschluss mit den Mitarbeitern vom Vertrieb und vom Marketing, zusammen mit den Einkäufern, den Fachleuten der Fertigung, der Montage und des Kundendienstes. Das Ergebnis: die Ergotech-Baureihe, die die erfolgreichste Baureihe der 90er Jahre wird, weil sie während ihrer Entstehung die Bedürfnisse des Marktes ebenso berücksichtigt wie die Bedürfnisse der eigenen Produktion.

– Das Werkskonzept Wiehe ist dem Produkt bereits in der Entstehung angepasst worden, nämlich der Ergotech. Das „alte" Werk in Schwaig war D-Baureihen-orientiert und hatte die Ergotech-Wandlung noch vor sich. Heute gehören die Fertigungseinrichtungen in Schwaig zu den modernsten der Branche.

– Und wenn Produkt und Produktion, Kosten und Preise stimmen, beginnt die Arbeit im Markt, der Aufbau eines schlagkräftigen Vertriebsteams. Wer das beste Produkt hat, bei wem Kosten und Preise stimmig sind, dem laufen die besten Vertriebsmitarbeiter zu, vor allem die jungen und leistungsbereiten. Wir haben die Besten in Deutschland und in England und bekommen die Besten: in Frankreich und in Spanien und in vielen Märkten, die wir sukzessive aufarbeiten. Das russische Jointventure wird gegründet, dann die italienische Tochtergesellschaft in Tortona. Schlagkräftige Vertretungen in Schweden, in Holland, in der Schweiz und in Österreich, in Portugal, allesamt neu. Der deutsche Vertrieb wird regionalisiert und insbesondere auf das neue Produkt, auf die kleinen Spritzgießmaschinen aus Wiehe, eingeschworen. Herr Hoffmann startet mit der Demag Plast Asia in den damals prosperierenden asiatischen Märkten. Rick Shaffer erhält die Aufgabe, in den USA für die Demag Ergotechs ein eigenes Vertriebsnetz aufzubauen. Und auch die brasilianische Tochter überwindet das Trauma der Werksschließung in Sorocaba und vertreibt Maschinen von Demag Ergotech aus Deutschland.

– Internationalisierung eines Unternehmens heißt für von Schroeter die Forcierung des Vertriebs. Globalisierung ist für ihn Vertrieb und gleichzeitig Wertschöpfung in den Märkten des Absatzes. Sein globales Konzept lautete: Lieferungen und Service für Europa aus den Werken in Schwaig und Wiehe – in Europa ist die Ergotech zu Hause;

Südamerika soll aus Sorocaba/Brasilien bedient werden; Nordamerika aus Cleveland von VDD; und Fernost aus fernöstlicher Fertigung.

Das Konzept der Globalisierung der MDKT hat Ende der 90er endgültige Formen angenommen. Wobei kritisch festzustellen ist, dass es im Laufe der Zeit auch Rückschläge unterschiedlicher Heftigkeit gibt: zunächst in Brasilien, wo sich die Fertigung im schnell wandelnden Umfeld nach zwei Jahren als unwirtschaftlich herausstellte, und dann in USA durch die unerwartete Lösung von VDD aus dem Verbund, wodurch Demag Ergotech zunächst einen Teil ihres globalen Anspruchs verliert.

Das chinesische Jointventure Demag Haitian geht 1999 in Produktion.

Mit dem langjährigen Partner in Indien, Larson & Toubro, werden die Verhandlungen über die Fortsetzung der Zusammenarbeit, möglicherweise sogar über eine Beteiligung der Demag Ergotech, aufgenommen.

– Ein weiterer Meilenstein der 90er Jahre für Demag Ergotech sind die Gründung der Mannesmann Plastics Machinery und die gleichberechtigte Rolle der neuen Demag Ergotech im Verbund der Mannesmann-Wettbewerber.

– Und noch ein Meilenstein 1999: der reibungslose Wechsel in der Geschäftsführung. Herr Franz schlägt ein neues Kapitel in der Geschichte der Demag Ergotech auf: Die Arbeit der letzten Jahre wird fortgesetzt; gleichzeitig werden die Werke in Deutschland, den USA und China zu einer schlagkräftigen internationalen Einheit zusammengeführt und nach außen vollzieht sich der Wechsel der Demag Ergotech vom Produzenten zum Dienstleister.

9.2 Zeitzeuge: Wolfgang von Schroeter
Von einem, der auszog, Plastik-Land zu erobern und den Wettbewerb das Fürchten zu lehren

Wolfgang von Schroeter, Sprecher der Geschäftsführung der Mannesmann Demag Kunststofftechnik, dann von Demag Ergotech GmbH vom 1. Januar 1990 bis 31. März 1999, Vorstandsmitglied der Fachgemeinschaft Kunststoff- und Gummi-Maschinen des VDMA und Präsident der Europäischen Kommission der Hersteller von Kunststoff- und Gummi-Maschinen. Von Schroeter hat auch den vorhergehenden Beitrag „Die 90er im Zeitraffer" geschrieben.

Die Ära von Schroeter, die der 90er Jahre, ist von drei wesentlichen Entwicklungsschritten des Unternehmens geprägt: Es entstand die neue

Maschinengeneration „Ergotech", die Werke wurden auf- und ausgebaut und Mannesmann Demag Kunststofftechnik ging konsequent den Weg in die Globalisierung.

„Wenn man die 90er Jahre mit Namen verbinden möchte, dann sind es zumindest zwei, die man erwähnen muss, nämlich auch den meines Geschäftsführungskollegen Hans Blüml. Nicht zuletzt deswegen, weil er für mich eine verlässliche Stütze war, insbesondere zu Beginn meiner Tätigkeit in Schwaig.

Wir hatten eine gemeinsame Verantwortung und getrennte Aufgaben: Er wirkte stark nach innen, Technik, Entwicklung und Produktion. Meine Aufgabe sah ich darin, unsere Wirkung nach außen zu verstärken, mit dem neu entwickelten, modernen Produkt vor allem in die internationalen Märkte zu gehen und diese zu erobern.

Dabei hatte es zunächst so harmonisch nicht begonnen: Während meines Düsseldorfer Vorstellungsgesprächs 1989 fasste Dr. Dieter zusammen: „... entweder die MDKT wächst zu einer internationalen Größe oder die MDKT wird verkauft ..." Und noch ein Zitat des Vorstandsvorsitzenden von damals, der sich wunderte, dass auf Vorschlag von Herrn Dr. Dobner, dem für uns zuständigen Vorstand der Demag, ein Kranbauer diese anspruchsvolle Aufgabe übernehmen sollte: „... entweder der schafft das, obgleich er aus dem Kranbau kommt, oder ihr fliegt beide raus ..." Dieses Schicksal ist uns beiden jedoch erspart geblieben.

Der Schwaiger Weg
Versehen mit dieser Vorspannung machte ich mich auf den Weg von Nordrhein-Westfalen nach Franken, mit dem unmissverständlichen Auftrag von oben, etwas zu bewegen. Einarbeitung durch Herrn Witte, der sich mit mir eine Woche lang über Menschen und Mitarbeiter besprach. Personalpolitik erschien ihm zu Recht ein vorrangiges Thema. Frau Gehring, meine Sekretärin, und ich gestatteten uns eine Zeit auf Probe, die wir bestanden. Herr Blüml war geduldig mit dem Kranbauer, zumal er in mir einen Sympathisanten fand, einen Fürsprecher darin, dass die Zukunft deutscher Unternehmen grundsätzlich und von Mannesmann insbesondere von der Technik und dem Service am Kunden bestimmt werden sollte. Customer-value als Kriterium für zukunftsorientierte, unternehmerische Entscheidungen war uns lieber im Vergleich zum kurzatmigen Shareholder-value.

Wir hatten auch nicht die Absicht, die Fertigung nach Ost oder Fernost zu verlagern und mit den Produktivstunden in die Billiglohnländer auszuwandern, wie es empfohlen wurde, immer dann, wenn es um

Minderung der Herstellkosten ging, angesichts des internationalen Wettbewerbs.

Deshalb: Umso ausgeprägter war unser gemeinsamer Wille, das Unternehmen in Deutschland innerhalb der zunächst gegebenen Parameter von Markt, Demag und Mannesmann zu entwickeln.

Wir begannen mit der Revolution an der Basis in Schwaig: Die kostentreibenden Produktmanagements für Großmaschinen, für mittlere und kleine Spritzgießmaschinen wurden aufgelöst und in die klassischen Abteilungen von Vertrieb und Technik integriert, ebenso das Management für Projekte und Automatisation. Sämtliche Aktivitäten des Vertriebs wurden der Gesamtleitung von Herrn Maßfelder unterstellt. Das Auftragszentrum wurde geschaffen, in dem sich die Inlands- und Auslands-Referenten sowie die Projekteure wiederfanden. PCs – auf den Tischen auch der älteren Generation und in den PKWs der Außendienstler – zerstörten so manche liebe Gewohnheit und halfen dem Unternehmen zu verschlanken.

Ähnlich in der Produktion, wo ein selbstloser Herr Fink – damals Werksleiter – die konsequenteste Beseitigung der Hierarchien betrieb, mit der Folge der Wegrationalisierung seiner eigenen Position. Die Personalzahlen bei MDKT purzelten, die Leistung stieg. Ein Vergleich damals zu heute:

1991 – 560 Maschinen mit 870 Schwaiger Mitarbeitern;

1998 – 800 Maschinen (ohne die kleinen Maschinen, die in Wiehe gebaut werden) mit 720 Schwaiger Mitarbeitern. Hinzu kamen 1400 kleine Spritzgießmaschinen aus Wiehe mit 400 Wieheranern.

Die Regionalisierung des Inlandvertriebs wurde 1996 und die Reform des Kundendienstes 1998 in Angriff genommen. Innerhalb von zehn Jahren war alles verändert worden, war ein neues Unternehmen entstanden, auch mit neuem Namen, nämlich dem Namen des Produkts: Demag Ergotech.

Bekanntlich waren wir nur zu Beginn eine Zweier-Geschäftsführung, seit 1992 eine Dreier-Geschäftsführung. Als ich nach Schwaig kam, führte Herr Fischer als Direktor die kaufmännischen Abteilungen. Dieser wurde kurz darauf von Herrn Wörmer benachfolgt, der zwei Jahre darauf nach Wiehe zog. Herr Löttner übernahm die vakante Position als kaufmännischer Geschäftsführer. Nach dessen Beförderung zum Vorstand folgte Herr Becker und seit 1998 Herr Dr. Balzer, als Herr Becker zu Vorstandsehren kam. MDKT als Sprungbrett kaufmännischer Karrieren. Herr Blüml und ich mussten wiederholt Sympathisanten fürs Unternehmen heranbilden, erklären, wie der Kunststoff in die Form geschossen wird, warum der Kniehebel ein zukunftsweisendes Bauteil ist, oder welchen Planzahlen man vertrauen kann und welche man in die stets wiederkehrenden jährlichen Planungen übernimmt.

Doch die MDKT-Geschäftsführungen waren trotz der wechselnden Besetzung stets teamfähig, selbst bei schwergewichtigen Entscheidungen, wobei die kaufmännische Seite insbesondere Verantwortung trug für den Brückenschlag zwischen Betriebswirtschaft und Plausibilität. Was insbesondere bei Konzernen von größter strategischer Bedeutung zu sein scheint. Denn sollte einmal die Performance von heute den Vorstand nicht befriedigen, so muss zumindest die Zukunft – das heißt der Weg aus der Krise in die Zukunft – plausibel sein.

MDKT hätte die Krise 1992/1993 nicht überstanden ohne überzeugendes, plausibles Konzept; als während der Rezession die Ergotechs in Serie gingen und plötzlich zwei Werke – in Schwaig und in Wiehe – Auslastung brauchten. Mannesmann – in Person Herr Dr. Dieter, der in der Kunststofftechnik ein Kerngeschäft von Mannesmann sah – hat die Schwierigkeiten erkannt, die Analyse akzeptiert und das plausible MDKT-Konzept mitgetragen.

Die kleinen Maschinen

Zu den strategischen Überlegungen der MDKT, die grüne Wiese mit einer Fabrik für kleine Spritzgießmaschinen zu belegen oder gar mit der ganzen Finanzmacht der Mannesmänner einen Wettbewerber zu kaufen, kamen die politischen Möglichkeiten hinzu durch die Öffnung der deutschen Grenze. In Ost-Deutschland gab es den Spezialisten für kleine Spritzgießmaschinen, der sich um die Privatisierung bemühte, wie Herr Blüml und ich auf unserer Reise nach Schwerin am 7. Januar 1990 erfuhren. Also fuhren wir im April des gleichen Jahres nochmals in Richtung Osten, auf feuchten Pflastersteinen, fast ohne Beschilderung, nach Saubach zum Treffpunkt mit Herrn Dr. Dobner, und von dort in das zirka 20 Kilometer entfernte Wiehe. Der Rest ist Geschichte:

In Wiehe wurden 1990 noch zirka 700 Spritzgießmaschinen auf kleiner Werksfläche montiert, die nahezu ausschließlich in Russland verteilt wurden. In Wiehe herrschte zwar Sozialismus, doch war auch der Leistungswille deutlich zu spüren, ein sauberer, ordentlich geführter Betrieb mit qualifizierten Mitarbeitern, ein sympathisches Team, das stolz sein konnte auf die zahlreichen Auszeichnungen bei den in der DDR üblichen Leistungswettbewerben und das bestens ins zukünftige Portfolio der MDKT passte.

Der Erwerb vollzog sich allerdings nicht so zwanglos und reibungsarm, wie es heute klingen mag: Wiehe stand in Verhandlungen mit einigen unserer Wettbewerber, unter anderem Dr. Boy, Klöckner und Arburg. Aber das Konzept, das wir dem Führungsstab unter Herrn Schreeg vortrugen und später dann der Belegschaft, wie die Zusammenarbeit zwischen den Standorten gestaltet werde, mit welchen Investitionen der Thüringer Standort an den Weltstandard herangeführt werden sollte, überzeugte in Wiehe, überzeugte auch in Düsseldorf, wo unser Projekt ein eigendynamischer Selbstläufer wurde.

Im Dezember 1990 wurde der Kaufvertrag zwischen der Treuhandanstalt in Berlin und der Mannesmann Demag unterschrieben. Kurz darauf kündigte der gleiche Bundeskanzler, der uns zur Aktivität aufgerufen hatte, die Transferrubel-Vereinbarungen mit Moskau, worauf die Russen die bestehenden Lieferverträge mit den ostdeutschen Partnern kündigten, unter anderem zirka 400 Spritzgießmaschinen, die 1991 aus Wiehe hätten geliefert werden sollen.

Im Januar 1991 verfügten wir – die MDKT – über eine Fabrik in Wiehe ohne Arbeit, allerdings mit zirka 350 Mitarbeitern. Es folgten die Wochen und Monate mit wöchentlich Null-Stunden-Kurzarbeit, mit der Übernahme und Ausbildung der Produktiven in Schwaig. Wir haben Fertigungsstunden gesammelt bei den befreundeten Demag-Firmen Verdichtertechnik und Fördertechnik. Die Situation veranlasste Herrn Dr. Esser – damals noch Vorstand bei Demag – zu der bemüht scherzhaften Bemerkung: „Herr von Schroeter, wir haben Ihnen eine Fabrik gekauft." Um dann polemisierend fortzufahren: „Und was machen Sie daraus?"

Natürlich forcierten wir die Akquisition vor Ort in Moskau, um an die bestehenden alten Kontakte anzuknüpfen. Unser gerade gegründetes Jointventure Plastservice sollte und musste helfen. Die Bundesrepublik versprach russischen Projekten für Lieferungen aus den neuen Bundesländern großzügige Finanzierung. Die Reisen nach Moskau wurden für viele von uns zur Gewohnheit. Immerhin lag in Moskau die Chance, kurzfristig für Wiehe Arbeit zu beschaffen.

Unser Team in Moskau:

– Herr Franz, den ich zu der Gründungsveranstaltung unseres Jointventures einlud, weil ihm der Ruf vorauseilte, er sei der Beste vor Ort, und dem ich die Geschäftsführung von Plastservice anbot, worauf er mich bestürzt fragte: „Dürfen Sie das?" Was ich ihm bestätigte anhand meiner Visitenkarte. Und der dann den Job annahm trotz der Intervention der ostdeutschen Politik.

– Herr Wörmer, der die Verantwortung für das in Aufbau befindliche Wieher Werk trug und in Moskau immer öfter die Freuden und umso heftiger die Leiden und die Zwänge des Vertriebs erlebte – wobei ihm seine Lernfähigkeit zustatten kam, den Kunden und seinen Nutzen zu erkennen, was im Moskau der frühen 90er gewiss nicht einfach war. Aber auch seine Zähigkeit und sein Mut zu klarer Analyse halfen ihm – trotz der russischen Wodkanebel – und schließlich seine rheinische, humorige Art, die all die erfreute, die nicht direkt betroffen waren.

– Lydia Raskasow, Partnerin im Jointventure und als Geschäftsführerin die Kollegin von Herrn Franz. Sie war im Konzern eine einzigartige Erscheinung, wie der Generalbevollmächtigte von Mannesmann, Herr Bartels, feststellte, auf Grund ihrer überhaupt nicht verdrängten Weiblichkeit. Was unter anderem auch ihren Ehemann Juri erfreute, der mit seinen russischen Geschäftsfreunden im Nebenzimmer zu unseren Büros an alternativen Strukturen bastelte und die gemeinsam den italienischen Wein und die Spaghetti des benachbarten Lokals präferierten.

– Das Akquisitionsteam wurde von mir gelegentlich verstärkt, wenn ein paar schwere Worte von deutsch-russischer Tradition und Freundschaft aus dem Mund der Geschäftsführung verlangt wurden. Zumal Herr Franz seinen Vertrieb überhaupt nicht kleinkariert anlegte, sondern durch die Ministerien eilte, als wär's sein Zuhause. Er ließ sich gerne zitieren mit dem Statement: „… heute waren es wieder mehr Minister und Vizeminister im Büro von Plastservice als am Kabinetttisch vom alten Jelzin …"

Wir haben in den Folgejahren inmitten der politischen Turbulenzen insgesamt zirka 1200 Spritzgießmaschinen für 180 Millionen DM verkauft und geliefert. Die russischen Aufträge waren die erste Grundlage für den Aufbau des Wieher Werks.

Ergotech: bis 2000 Tonnen Schließkraft
Wir hatten früh erkannt, dass die D-Baureihe, die das Unternehmen in den 80ern gut ernährt hatte, am Ende ihres Lebenszyklus angekommen war. Nur mit einem neuen, modernen Produkt zu stark verminderten Kosten und einer internationalen Akzeptanz waren die hohen Stückzahlen erreichbar, die wiederum die Voraussetzung werden sollten für ein stabiles positives Ergebnis.

Die Ergotech-Baureihe wurde gesamtheitlich engineert von allen Mitgliedern der MDKT und simultan in die Fertigungen in Wiehe und Schwaig eingeschleust.

Die gemeinsame Produktentwicklung, an der unter anderem auch der Vertrieb richtungsweisend beteiligt war, sollte eine neue Erfahrung für die Schwaiger Ingenieure werden. Immerhin läuft dem Vertrieb der Ruf voraus, dass er stets verkauft, was noch nicht existiert, was von den Entwicklern gerade mal angedacht wird. Die Messe – so die traditionelle Meinung gestandener deutscher Maschinenbauer – sei der richtige Platz für die Vorstellung eines neuen Produkts, sowohl für den Markt und für die Kundschaft als auch für den zuweilen überraschten eigenen Vertrieb. Im Fall der Entwicklung der Ergotech haben die Vertriebler die Brücke in den Markt geschlagen, haben die Bedürfnisse des Markts in die Konstruktionen einfließen lassen und haben dennoch dichtgehalten – bis zur K '92, jener Aufsehen erregenden Vorstellung der neuen „Blauen" der Demag. Denn blau waren sie angestrichen, in einer – wie unser damaliger Marketingmeister Sperber glaubte – kühlen, matten, haptisch tastbaren blauen Farbe, die neben dem traurigen Grün der meisten im Markt befindlichen Maschinen sensationell herausstechen sollte, auf der Messe ohnehin und später einmal in den Fabriken.

Die Spritzgießmaschinen bis 100 Tonnen besaßen die hydraulische Schließe. Wir waren der Auffassung, dass man kleine Maschinen in großer Stückzahl wirtschaftlich mit Kniehebelverschluss nicht bauen könne. In Wiehe konstruierte unser Vorstand Dr. Dobner anlässlich seiner Besuche mit – zur Überraschung von Herrn Krosse und Herrn Stengel, die eine ähnliche kreative Intervention auf Arbeitsebene von der Leitung ihrer Kombinate nicht kannten. Auch Herr Blüml fand sich in wiederholter Belehrung wieder über die Beseitigung von Leckagen durch „Ermeto"-Verschraubungen, die sich bei den im Betrieb kräftig durchgeschüttelten Großbaggern der Demag durchgesetzt hatten. Sein vorsichtiger Hinweis, dass die Spritzgießmaschine ein zivilisiertes Gerät sei, fand wenig Zuspruch. Öl sei Öl und Leckage sei Leckage. Schon wieder ein Besserwisser aus dem Bereich Baumaschinen, mag mein Kollege gedacht haben.

Für die Spritzgießmaschinen ab 125 Tonnen Schließkraft: Unsere Kunden erwarteten den verlässlichen, kinematisch vorteilhaften Kniehebel und bekamen ihn in der neuen Ergotech zu Preisen, die bis zu 25 Prozent unter denen der D-Baureihe lagen. Der Baureihe wurde von oberster Mannesmann-Stelle, von Herrn Dr. Dieter persönlich, ein Deckel verpasst: Die größte in Schwaig gebaute Spritzgießmaschine durfte nur mit 800 Tonnen schließen. Die Begründung: – Schwaig machte nur Verluste mit Großmaschinen, was bislang stimmte – die Schwaiger Fabrik mit der existierenden Struktur und Logistik wäre zu klein, was ebenfalls stimmte – und – was gewiss ausschlaggebend war für den autoritär verordneten Beschluss von Dr. Dieter – er hatte soeben Krauss-Maffei für Mannesmann erworben, den Spezialisten für große Spritzgießmaschinen im zentralen Europa.

Womit endgültig klar und deutlich wurde, dass Mannesmann den Kunststoffmaschinenbau zu einem Kerngeschäft zu entwickeln beabsichtigte. Das Konzept der Führung von zwei Konkurrenten unter ein und demselben Dach, nämlich dem von Mannesmann, war zunächst weder klar noch deutlich. Wir propagierten damals schon die Mehrmarkenstrategie – mit stillschweigender Duldung von Düsseldorf. Aber bitte schön, nicht im Bereich der großen Spritzgießmaschinen, was mit ähnlichem Charme an uns herangetragen wurde wie die Forderung auf der K '92, gefälligst das Danfos-Ventil gegen eines von Rexroth auszutauschen. Bei Nichtbefolgung, erinnert sich Herr Blüml, seien sehr konkrete Konsequenzen nicht auszuschließen gewesen.

Die Beschränkung auf Maschinen unter 800 Tonnen, das Verbot für Schwaig, sich aus dem großen Bereich mit den Ergotechs herauszuhalten, das willkürliche Diktat an den Markt, der sich bekanntlich Diktate auch aus den Vorstandsetagen nicht gefallen lässt, waren eine zusätzliche Belastung für Schwaig – das neben der 92/93er Rezession, der Abgabe der kleinen Maschinen an Wiehe, dem Programmwechsel von der D-Baureihe zur Ergotech nun auch noch den Entfall der großen Spritzgießmaschinen zu bewältigen hatte.

Erst 1998 – Herr Dr. Dieter hatte das Unternehmen verlassen – sprach unser Konstruktionschef, Herr Schreiner, die Geschäftsführung an, unterstützt insbesondere von Herrn Landler, der für unsere Kunden im Inland sprach: Sollten wir es nicht noch einmal wagen mit den Großen. Und als ich noch zögerte – angesichts der früheren Verluste bei Lieferungen von D 1800, D 2100, D 2700 und D 4000 –, war die Konstruktion der Ergotech 1000 nahezu fertig und ein Kunde drohte mit Auftrag. So und nicht anders läuft der Prozess, eine sich noch wehrende Geschäftsführung gefügig zu machen, nämlich durch die Allianz von Vertrieb und Konstruktion. Also begannen wir wieder mit großen Maschinen: Der Ergotech 1000 folgte die Ergotech 1300 mit Genehmigung der Geschäftsleitung. In der Fabrik standen an einem schönen Sommertag an einer Maschine plötzlich die großen Lettern/Zahlen Ergotech 1500; irgendjemand erwähnte entschuldigend „für Barry". Ein englischer Kunde habe auf dem Etikett bestanden, ansonsten wäre Husky zum Zug gekommen – womit jeder Einwand getötet wurde –, die Dimensionen seien gleich der Ergotech 1300. Nur der Druck für die Schließe sei etwas höher – wofür man das Einverständnis nachträglich einhole.

Der nächste Sprung auf die 2000 Tonnen zwischen den mit Kniehebeln gestützten Platten dauerte länger – und zwar immerhin bis 1998, bereits unter der Vorstandschaft der Mannesmann Plastics Machinery, dessen Vorsitzender Herr Vogl eine zweite Großmaschinenbaureihe neben den KM Maschinen für Europa zwar forderte, doch der deren Ableitung von der Zwei-Platten-Maschine von Van Dorn Demag wünschte.

Demag Ergotech sollte die technische Führerschaft für die europäische Entwicklung übernehmen. Also kein weiterer großer Kniehebel aus Schwaig. Doch insbesondere aus England und Schweden kamen die massiven Forderungen nach einer Ergotech 2000. Husky eroberte mit ihrem Großmaschinenprogramm einen Zulieferer der Automobilindustrie nach dem anderen, einige davon traditionelle Demag-Kunden, was Herr Vogl schweigend zur Kenntnis nahm und ich als Aufforderung zum Handeln betrachtete. Auf der K '98 wurden drei Ergotech 2000 geordert, die erste für Deutschland, die zweite für Frankreich und die dritte für England. Im Jahr 1999 sollten insgesamt 30 Großmaschinen bei Demag Ergotech gebucht werden, sieben davon Ergotech 2000. Der europäische Renner im Schließkraftbereich war die Ergotech 2000, mit einem soliden Beitrag zu den Gemeinkosten.

Herr Vogl schlenderte mit mir über die Düsseldorfer Messe, als ich ihm die froh gemeinte Botschaft von dem guten Auftragseingang brachte. Seine Reaktion: ein kräftiger Schlag auf meine Schulter, offenbar gemeint weder als Ritterschlag noch als handfester Glückwunsch, auch nicht als Tadel und Ausdruck seiner Empörung, sondern vielmehr gemeint als Beweis seiner gemischten Gemütslage. Als Österreicher hat er sich gewiss an den Theresienorden aus der k.k.-Monarchie erinnert, der verliehen wurde, wenn jemand gegen das Reglement verstieß, dabei allerdings erfolgreich und im Sinne des Gemeinwesens gehandelt hatte.

Die dazugehörigen Werke
Dr. Wippermann bezeichnete die Schwaiger Fertigung einmal als einen Schweinestall, was den Betriebsratsvorsitzenden Herrn Neudecker fälschlicherweise verführte, logisch und auf der Betriebsversammlung zu folgern, dass sich in einem Schweinestall wohl Schweine befänden – was so gewiss nicht gemeint war. Dieser umstrittene, nie ausdiskutierte Dialog sollte den Prozess der Werksmodernisierung in Bewegung setzen.

Werke sind nun einmal die Visitenkarten. Die Herstellung von Sauberkeit, Ordnung, Transparenz, Lichte und Freundlichkeit ist teuer, die Wirtschaftlichkeit nicht kalkulierbar und dennoch eine Voraussetzung für den Fortbestand eines Werks, insbesondere in Europa und vor allem dann, wenn die Kundschaft klinische Laborbedingungen in ihren Werken vorhält, in denen die Demag Ergotechs aufgestellt werden. Gewiss: Wiehe, das neue, moderne Werk, wurde 1993 offiziell eingeweiht, völlig zweckgebunden und ausgerichtet auf die Produktion der kleinen Ergotechs. Politiker staunten über dieses Juwel inmitten der Thüringer Region mit 22 Prozent Arbeitslosen. Vorstände beglückwünschten sich. Die Geschäftsführung fand es gelungen. Unsere Kunden waren begeistert. (Der Aufbau des Werks in Wiehe wird an anderer Stelle gewürdigt.)

Schwaig mutierte währenddessen zum Stiefkind, eine Fabrik aus den 70/80ern, ursprünglich geplant für eine Kapazität von 600 Stück D 150, intern vernetzt mit der todsicheren und zuletzt fast tödlichen Logistik der Demag Fördertechnik, die für menschliche Intervention und betriebliche Kreativität keinen Raum ließ, zum Teil altes Gemäuer, festgefahrene Strukturen. Geschäftsführung und Betriebsrat mühten sich redlich um Lösungen für den betrieblichen Alltag in dem vorgegebenen Rahmen von Demag-Vorstand und Gewerkschaft. Es hatte für mich den Anschein, als hätten sich Vorstand und Gewerkschaft Schwaig ausgesucht, um herauszufinden, wie weit man Tarifvereinbarungen zu wessen Gunsten interpretieren kann und wann der jeweilige Gegner die rote Karte zeigt und mit dem Arbeitsgericht droht. Der Ärger hat uns in der Führung nicht nur schlaflose Nächte beschert, sondern auch zu Einbußen in der Produktivität geführt. Was die schwierige Lage zu Beginn der 90er nicht entspannt hat, sondern vielmehr zu einem kontroversen Hinweis eines unserer Duisburger Vorstände führte, den Schwaigern sei nicht zu helfen.

Doch Schwaig war zu helfen. Herr Blüml und Herr Fink besuchten die Seminare von Prof. Wildemann. Dr. Wippermann genehmigte die finanziellen Mittel für die Erneuerung des Werks, unkonventionell, und beauftragte Herrn Nisch mit der Planung des Werks für die neuen Ergotechs. Die Maßnahmen auf dem Weg zu der wirtschaftlichen Herstellung der Ergotech:

– Reduzierung der Hierarchien – keine Werksleitung, keine Arbeitsvorbereitung, dafür Fertigungsinseln in Montage, Elektrowerkstatt und mechanischer Fertigung, die eigenständig und operativ in eigener Verantwortung handelten, bis hin zur Materialversorgung, und intern in einem Kunden/Lieferanten-Verhältnis standen.
– Schaffung von strategischen Stäben beispielsweise für Werksplanung und für Einkauf.
– Abschaffung des Akkordlohns – erzwungen über die Arbeitsgerichte, zumal der Betriebsrat auf Besitzstand pochte, vergeblich – wodurch der Teamgedanke vor den individuellen Egoismus gestellt und die Wirtschaftlichkeit enorm gesteigert wurde.

Die „kleinen" Fürsten des Schwaiger Werks heute, die in aller Bescheidenheit, doch selbstbewusst auftreten angesichts des Geschaffenen, sind Herr Kleinschrod, Herr Krauß und Herr Kiessling, technisch fit und betriebspsychologisch gewachsen, die dem beeindruckten Besucher erläutern, warum man beispielsweise in die „Burkhardt & Weber" investiert habe, warum die Baugruppenprüfung insgesamt Zeit und Geld spart und warum die Transparenz von Leistung und Fehlleistung eine pädagogische Wirkung habe, warum der Mensch – und nicht mehr der Computer und die Diktatur seiner Programme – im Mittelpunkt stehe, um den früher für unmöglich gehaltenen Ausstoß an Maschinen zu bewerkstelligen, und zwar ohne Hektik, mit etwas Improvisation hier und da, doch stets gelassen und in voller Kontrolle.

Der internationalisierte Vertrieb

Die Voraussetzungen waren geschaffen in Form der Ergotechs, des modernen Produkts aus moderner Fertigung. Konzepte für den Vertrieb zu erarbeiten und durchzusetzen war und sollte meine vorrangige Aufgabe werden. Die Strategie für den Aufbau des internationalisierten Vertriebs sollte sein:

– Die Ergotech aus den deutschen Werken musste in der Lage sein, die europäischen Märkte zu erobern (Internationalisierung des Unternehmens).

– Für die Märkte von Übersee brauchten wir die lokale Wertschöpfung, die Fertigung der Ergotech vor Ort (Globalisierung): in Nordamerika den Partner für die nordamerikanischen Märkte, insbesondere für USA, in Südamerika den brasilianischen Partner, weil Brasilien der wichtigste Markt für die Spritzgießmaschinen ist, und in Fernost den fernöstlichen Partner, entweder in Malaysia (interessanter Markt ohne Hersteller) oder in China (größter Einzelmarkt) oder in Indien (als Sprungbrett nach Fernost) oder gar in Japan (dem Exportweltmeister mit Lieferungen nach USA und in die Pazifik-Regionen). Wir haben überall spürbare Signale gesetzt.

Am Anfang die Personalie: Herr Maßfelder wurde Chef des Vertriebs Inland und Ausland. Später bekam er das neu geschaffene Auftragszentrum hinzu, als Instrument für die Arbeit sowohl nach außen (Projektierung und Akquisition) als auch nach innen (Auftragsabwicklung).

Und dann das Konzept: Überall dort, wo der Markt groß und potent genug war, wo 100 Stück Ergotech und mehr verkauft werden konnten, sollten eigene Gesellschaften oder Divisions entstehen. Sollte das Marktpotenzial für Ergotech kleiner sein, war der Vertrieb über fremde Vertretungen mit gefächertem Additivprogramm das bessere Konzept.

Wir ziehen heute eine positive Bilanz – zurückblickend auf die zehnjährige Vertriebsarbeit:

– der deutsche Inlandsvertrieb, regionalisiert in vier Kompetenzzentren, Süd und Ost, West und Südwest,

- erfolgreiche Auslandstöchter in Großbritannien, Frankreich, Spanien, Italien und Russland, Malaysia und Brasilien,
- die strategische Allianz in USA mit Van Dorn Demag,
- das chinesische Jointventure,
- die Lizenzfertigung in Indien,
- Vertreter im Rest der Welt, insbesondere engagiert und erfolgreich in Schweden, in Mexiko, in Holland, in Dänemark, in Israel, in Portugal, in der Schweiz.

Die Gründe für den erfolgreichen Vertrieb der Ergotechs liegen gewiss im Produkt selbst, aber auch in den Aktivitäten unseres Marketings, die größtmögliche Transparenz in den Märkten herzustellen, mittels Stückzahlstatistiken, kompletter Aufstellungen über Spritzgießer, deren Kunden und deren Spezialitäten. Trends wurden aufgespürt, die Verhaltensweisen der Wettbewerber analysiert. Die flächendeckende Marktbearbeitung wurde systematisiert und institutionalisiert (VIS). Transparenz nicht nur für die Handelnden, auch für die Geschäftsführung.

Einmal im Jahr, stets zu Beginn im Januar, traf sich die Vertriebsmannschaft der Demag Ergotech zu ihrem „European Sales Meeting" – in Wiehe und Schwaig, doch auch in Birmingham, in Paris, in Tortona und im Jahr 2000 in Barcelona – , um das vergangene Jahr zu rekapitulieren, die Erfahrungen auszutauschen und das nächste Jahr zu verabreden; die Erwartungen in Marktbewegung, Auftragseingang, Marktanteile, Zielkunden national und multinational zu definieren. ... Es waren die multikulturellen Treffen, die mir besonders gut gefielen, die mich motivierten und die uns von Ergotech in unserer Arbeit bestätigten. Denn die Fortschritte in fast allen Märkten waren konkret ablesbar. Erfolg ist der beste Motivator. Jeder individuelle Fortschritt war mit Namen verbunden. Womit einmal mehr festgestellt wird, dass im Vertrieb ohne jeden Zweifel der Mensch und seine Eigenschaften und seine Befähigung und sein Engagement im zentralen Mittelpunkt stehen. Die Präsentationen waren der Höhepunkt der jährlichen Vertriebsveranstaltung – wenn die Herren Vertriebsmanager Bericht über ihre Märkte erstatteten, über den Vertriebserfolg und die Niederlagen, über die Verbesserung der Marktanteile, jeweils eingebettet in den nationalen Pathos (Frankreich/Italien) oder in nicht minder typische Understatements (England). Sachlichkeit aus Deutschland, zumal der verantwortliche Herr Landler selbst nicht vortrug, sondern seinen Text vortragen ließ und erst abends in der Bar in englischer Sprache referieren mochte.

Dirigent des multikulturellen Ergotech-Orchesters und insbesondere aktiv und behilflich bei dem Aufbau der Vertriebsstrukturen im Ausland: der bereits 1990 ins Amt gehievte Herr Maßfelder. Seine Loyalität zum Unternehmen und zu den Entscheidungen der Geschäftsführung, selbst wenn sie ihm nicht immer gefielen, waren entscheidend, sein 24-Stunden-Engagement und sein Einsatz in nahezu allen Märkten dieser Welt, insbesondere in Italien mit Herrn Greif oder in Frankreich mit Herrn Lozé und in Brasilien mit Herrn Löhken, sowie mit seinen schwedischen Kumpels, seine Kondition wider die menschliche Normal-Natur, beispielsweise auf Wanderungen durch Korsika, seine Sprachbegabung und sein treffsicheres Urteilsvermögen waren ganz entscheidend.

In den 90er Jahren hat sich im Hause Demag Ergotech ein vertriebliches Profitum durchgesetzt: Arbeiten mit und für den Kunden; die Anfrage bereits als wichtiges Projekt begreifen, das die individuelle Aufmerksamkeit verdient; wo und wie entscheidet der Kunde; welche Vorteile hat die vielseitige, modulare Demag Ergotech gegenüber welchem Wettbewerber; wie können wir den Kunden begeistern. In den Jahren 1997 und 1998 hat Demag Ergotech eine Vielzahl großer Projekte gewonnen; gewiss auch einige verloren, aber nur nach heftiger Gegenwehr. Es galt als unverzeihliche vertriebliche Fehlleistung, ein Projekt nicht gekannt und nicht mitgekämpft zu haben.

Demag Ergotech von heute versteht Vertrieb nicht als Angebotsabgabe dessen, was Konstruktion und Produktion vorgeben, sondern als eine eigenständige, kreative Disziplin voller Intelligenz und Sensibilität.

Der Weg zur Globalisierung

USA: Selbstverständlich sollten Ergotechs auch in USA vertrieben werden. Zu Beginn der 90er hatte MDKT die Vertretung JMG von John Grigor übernommen. Wir zogen um nach Chicago. Rick Shaffer – zuvor mit einer Minderheitsbeteiligung an JMG – hatte sich überreden lassen, die Leitung einer stark reduzierten Mannschaft zu übernehmen. Rick und seine loyalen Kunden wurden nicht müde, der bereits anspruchsvollen D-Baureihe noch anspruchsvollere technische Sondereinrichtungen zu verpassen. Rick präsentierte virtuos, telekommunizierte über Stunden den letzten Stand der Nachbesserungen und korrespondierte verärgert über den Lieferverzug, für den wir selten einen Verantwortlichen fanden.

Der USA-Vertrieb der Demag-Maschinen aus Schwaig – Wiehe hatte die Produktion noch nicht aufgenommen – war kostspielig, hatte jedoch in konsequenter Verfolgung der Globalisierung zum Ziel, den Markt vorzubereiten auf den Start einer eigenen MDKT-Fertigung in USA, beziehungsweise die Übernahme eines bereits existierenden prominenten amerikanischen Herstellers. Bereits zu Herrn Wittes Zeiten waren Gespräche mit HPM und Van Dorn geführt worden.

1991 empfahlen wir dem Demag-Vorstand einen zweiten Versuch, mit Van Dorn zu sprechen. Jerry Pryor signalisierte allerdings Herrn Dr. Esser gegenüber kein Interesse. „We are not for sale", sträubte er sich öffentlich im „Cleveland Dealer", während seine Aktionäre dem verlockenden Angebot von Crown Cork and Seals nicht widerstehen konnten. Crown Cork and Seals kauften Van Dorn und verkauften dann den Teil von Van Dorn an Mannesmann, der sich mit den Spritzgießmaschinen beschäftigte. Jerry Pryor ließ sich sogar überreden, als Präsident der Van Dorn Demag das Unternehmen weiterzuführen, im Verbund mit MDKT.

Zu unserem ersten Meeting in Cleveland – Herr Blüml, Herr Löttner und ich waren zur Friedensmission aufgebrochen – zählten wir insgesamt 27 Consultants, Rechtsanwälte und Broker, die in den Ecken des Ritz Hotels auf den günstigen Zeitpunkt für die Intervention warteten, um uns beratend zu begleiten. Wir wollten Jerry allerdings alleine sprechen – es war der Beginn einer wunderbaren Zusammenarbeit.

Wir studierten die schlanke Fertigung in Strongsville. Jerry übernahm Rick und die Demag Ergotechs in seinen Vertrieb. Jerrys Techniker kommunizierten mit den Schwaiger Technikern. Gemeinsame Entwürfe entstanden. Die vertrieblichen Aktivitäten wurden koordiniert. Demag und VDD profitierten gleichermaßen von dem Zusammenschluss: Demag wurde zu einem der Großen weltweit, VDD war nicht mehr reduziert auf den nordamerikanischen Markt, sondern war Teil eines global operierenden Unternehmens. Kein Hersteller von Spritzgießmaschinen kann sich heute den Luxus leisten, nur den Markt zu Hause zu bearbeiten und die Welt außerhalb zu ignorieren.

Gemäß Mannesmann-Beschluss von 1997 wurde VDD ein eigenständiger Geschäftsbereich unter der Schirmherrschaft von MPM. Demag Ergotech sah sich veranlasst, erneut über die globale Strategie in USA nachzudenken. Derzeit werden neue Vertriebswege in den Markt gelegt, für einen getrennten Vertrieb der unterschiedlichen Marken von Demag und VDD, eine gewiss richtige Maßnahme, will man die Zahl der Ergotechs in USA steigern.

Die Aufnahme der Demag Ergotechs in die Fertigung von Van Dorn Demag in Fortsetzung der erfolgreichen „strategic alliance" bleibt ein anspruchsvolles Thema für die Zukunft.

Fernost: Fernost war eine weitere strategische Hausaufgabe für die Geschäftsführung der MDKT. Mit den grundsätzlichen Überlegungen zur Eroberung der fernöstlichen Märkte, wo immerhin 50 Prozent der Weltproduktion stattfinden und abgesetzt werden, wurde Herr Hoffmann beauftragt, der bereits über Fernost-Erfahrung verfügte. Seine in einem Konzeptpapier zusammengefasste Empfehlung:

Mit Larson Toubro/Indien einen Lizenzvertrag abschließen, dann Spritzgießmaschinen made in Germany vertreiben, und zwar über Vertreter, die von der Niederlassung Demag Plastasia in Kuala Lumpur mit vertriebs- und verfahrenstechnischem Know-how betreut werden, dann die Suche nach einem Partner für die Fertigung kostengünstiger und preisgünstiger Maschinen, den wir schließlich in Ningbo/China gefunden haben.

Ein dornenreicher Weg durch die 90er Jahre mit vielen Rückschlägen, zwar auch mit den Erfolgserlebnissen, die eine gute Basis für das nächste Jahrzehnt bilden sollten. Der Vertrieb und die Betreuung deutscher Maschinen in Fernost waren genauso schwierig wie die Partnersuche. Zum ersten Mal erschien der Name Ningbo Haitian in der Studie der Mannesmann-Marktforschung. Zuvor hatten wir besichtigt die Werke von Shanghai Light Industries in Mainland China, unsere Lizenznehmer aus den 80er Jahren, in Hongkong Cheng Hsong, Welltech, Topfine und Elite und in Taiwan TMC. Insbesondere der Besuch bei Elite Precision Machinery bleibt erinnerlich, mit denen wir über lange Zeit kommunizierten und schließlich in einer Delegation bestehend aus Dr. Wippermann – er befand sich auf dem Fünf-Tage-Trip Südafrika/Australien und ließ sich in Hongkong kurz aufhalten –, Jerry Pryor, Herrn Franz, Herrn Hoffmann und auch mir als dem Wortführer in Hongkong vorstellig wurden. Nach der Werksbesichtigung in Hongkong und auf der anderen Seite der chinesischen Grenze in Shenzen – wo auch Elite in typisch chinesischer Manier in mehreren Stockwerken übereinander produzierte – war ich gezwungen, Mr. Liu davon in Kenntnis zu setzen, dass wir seinen Vorstellungen nicht folgen werden, dass wir keine 20 Millionen DM in seine bestehende Fertigung beziehungsweise in die zukünftige Fertigung auf neuem Gelände investieren würden und dass wir uns gedeckt halten mit der zwanglosen Verfügbarkeit unseres guten Demag-Namens. Worauf ich um ein Berufserlebnis bereichert wurde, nämlich samt Vorstand aus dem mit Holz getäfelten Büro des Chefs von Elite rauszufliegen. Mr. Liu hatte mich als den Bösewicht erkannt, kanzelte mich als unehrenhaften Geschäftsmenschen ab, verabscheuungswürdig und noch mieser als alle Japaner zusammen – woraus man auf die Erfahrungen von Mr. Lui mit Japanern schließen kann. Dr. Wippermann hörte es, stand auf, begab sich zum Flugplatz, setzte seinen Round-the-world-Trip fort, während der Rest der Delegation zum Dinner segelte, per Kahn um Hongkong Island herum, ohne chinesischen Geschäftsfreund und ohne Rücksicht auf die bewegte See.

Anlässlich der Chinaplast 1998 in Shanghai unterschrieben wir auf dem Stand des deutschen Wirtschaftsministeriums die erste Absichtserklärung über die Zusammenarbeit mit Ningbo Haitian Co. In Mr. Zhang Jingzhang hatten wir den dynamischen Unternehmensführer gefunden, der zu spontanen Entscheidungen fähig war und dessen Geduld strapaziert wurde durch den langen Weg durch unsere Konzern-Instanzen. Hinzu kam, dass die Duisburger Demag damals nicht mehr entscheiden wollte. Die Kunststofftechnik sollte ohnehin ausgegliedert und von einer neuen Führungsgesellschaft übernommen werden. Alles Vorkommnisse, die dem chinesischen Partner schwer verständlich zu machen waren. Es ist dem Geschick von Herrn Franz zu verdanken, dass Mr. Zhang geduldig wartete, bis Herr Vogl in den ersten Wochen und Monaten seines MPM-Vorsitzes eine mutige Entscheidung traf, ganz im Stil seiner Entscheidungen, für die er in Offenbach Bekanntheitsgrad entwickelt hatte, nämlich zu Gunsten unseres deutsch-chinesischen Jointventures, das den Namen Demag Haitian tragen sollte.

Demag Haitian produziert heute eine einfache, standardisierte Version der Ergotech zu 50 Prozent der deutschen Preise.

Mannesmann Plastics Machinery:

Auf Grund einer Marktstudie und der daraus abzuleitenden Empfehlung der eingeschalteten Berater von McKinsey beschloss der Mannesmann-Vorstand im November 1997:

Gründung einer Mannesmann Plastics Machinery (MPM), sechs gleichberechtigte Hersteller von Kunststoffmaschinen werden unter der neuen Führungsgesellschaft zusammengeschlossen, stehen dennoch im offenen Wettbewerb mit anderen und untereinander, ein Bekenntnis zur Mehr-/Viel-Marken-Strategie, Synergien im Bereich von Einkauf und Fertigung, Verpflichtung auf eine gesteigerte Rendite, Vorstandsvorsitzender wird Herr Vogl, ehemals Vorstand von Mannesmann Dematic.

Für uns ist entscheidend: Aus Mannesmann Demag Kunststofftechnik wird Demag Ergotech. Der Name des Unternehmens wurde identisch mit dem Namen des Produkts. Die jahrelange intensive Arbeit und die Investition in die Entwicklung von Produkt und Markt hatten die öffentliche vorstandliche Anerkennung bekommen.

Weniger überzeugend für Demag Ergotech waren die Loslösung von Van Dorn Demag und deren Ernennung zur eigenständigen Geschäftseinheit unter dem Schirm der MPM. Demag Ergotech verlor dadurch einen Teil des globalen Anspruchs. Diesen Teil der Demag-Strategie wieder zu gewinnen, ist gewiss eine Aufgabe für die nächste Dekade.

Heute – zirka zwei Jahre nach Gründung der MPM – lässt sich ein erstes Resümee ziehen: Demag Ergotech hat in den ersten zwei Jahren, 1998 und 1999, gut gearbeitet, mit gutem Auftragseingang, mit guten Umsätzen und Ergebnissen. MPM hat das Jointventure in China zu ihrer Sache gemacht. MPM hat auch lebenswichtige Investitionen, die Bearbeitungszentren in Schwaig und Wiehe, bei Mannesmann durchgesetzt.

Das neue Anwendungstechnikum für Schwaig folgt im Jahr 2000. Die Kostenreduzierung durch den innerhalb der MPM gebündelten gemeinsamen Einkauf ist spürbar. Im Gegenzug reicht Demag Ergotech der MPM hilfreich die Hand: bei der Europäisierung der Caliber für Billion, bei den modularen Einspritzeinheiten für die Kleinmaschinenbaureihe von Billion, durch Freigabe der NC 4 für die gemeinsame Entwicklung der M 5, mit „global toggle" für Van Dorn Demag.

Rückblickend erinnere ich mich an die freudige Überraschung, die die November-Entscheidung von Mannesmann bei uns auslöste. Die Wochen und Monate waren geprägt von dem Ringen um das beste Konzept für die Kunststofftechnik im Konzern. Aus München ereilte uns der zwar inoffizielle, doch gut gemeinte Hinweis, wir sollten endlich eine „Ruh'" geben. Die Demag werde demnächst ohnehin Teil der Krauss-Maffei AG. Wenig Unterstützung auch von unserer Mutter, der Demag in Duisburg, die vornehmlich die eigenen Probleme zu lösen hatte. Und Herr Dr. von Pichler, der in seiner neuen Eigenschaft als Vorstandsvorsitzender der Krauss-Maffei AG die Konzeptgespräche federführend moderierte, war nur mit wenig Sympathie für den Standort Schwaig ausgestattet. Es sollte ihm auch nicht gelingen, die auseinander strebenden Kräfte und Interessen zu bündeln, zu einer gemeinsamen operativen Strategie für alle Geschäftseinheiten. So dass der Vorstand tat, was Vorstände immer häufiger tun, wenn es ein Problem zu lösen gibt: Sie beauftragten die Consultants von McKinsey mit einer Marktstudie und baten um deren Meinung.

Und nach dem Motto „Was man nicht verhindern kann, sollte man betreiben" stellten wir uns den McKinseys zur Verfügung. Herr Liebig öffnete die Aktenschränke und transferierte das über Jahre angesammelte Wissen über Maschinen und Märkte, Branchen und Wettbewerb. Es entstand die wohl beste Marktstudie über Spritzgießmaschinen und daraus abgeleitet eine Empfehlung für den Kunststoffmaschinenbau bei Mannesmann.

Am Abend vor der Entscheidung hatte ich alle aus der Demag-Crew, die am nächsten Morgen im Mannesmann-Hochhaus am Rhein vorgeladen waren, zum „last supper" eingeladen, zumal ich glauben musste, dass es ein letztes hätte sein können: Herrn Blüml, Herrn Becker, Herrn Franz, Jerry Pryor und Barry Taylor. Zum Abendmahl im Restaurant „Edo" der japanischen Extraklasse waren Knoblauch und der Saki die beherrschenden Zutaten. Der Abend sollte am Morgen nachwirken. Und um die mögliche Diskriminierung eines Einzelnen von uns zu vermeiden, erschien es uns opportun, am nächsten Morgen im Hochhaus am Rheinufer in einer Gruppe aufzutreten und gemeinsam in geeigneter Entfernung vom Präsidium Platz zu nehmen. Herr Acker informierte mich über die Tatsache der uns überraschenden Anwesenheit von Herrn Vogl. Dieser wurde von Herrn Blüml während der Begrüßung irrtümlicherweise befragt, ob er – Herr Vogl – sich wohl in der falschen Vorstellung befände. Was dieser verneinte.

Ein Jahr nach dieser denkwürdigen Sitzung in Düsseldorf sollte Herr Vogl versuchen – wie er sagte –, die Unternehmenspersönlichkeiten der Geschäftseinheiten zu differenzieren beziehungsweise die Geschäftseinheiten innerhalb der Mannesmann Plastics Machinery im Markt zu positionieren. Demag Ergotech bekam die schmeichelhaften Prädikate: dynamisch – innovativ – freundlich – kompetent. Eine lange Wegstrecke war zurückgelegt worden seit jener Zeit, als die Kunststofftechnik der Demag vornehmlich konservativ und seriös bezeichnet worden war.

MPM ist eine Herausforderung für den Markt, allein schon wegen der Größe. MPM fordert die Marktführer heraus.

Unsere Herausforderer der 90er Jahre waren die Engels und die Arburgs. Sie sind unvermindert stark, sind noch immer die Marktführer. Auf die Frage von Herrn Dr. Esser, warum dies wohl so sei, hatte ich einmal in Düsseldorf spekulieren dürfen: Vielleicht läge es an der Nähe zwischen Kapital und Markt.

Ich gestatte mir, der MPM zu empfehlen – was ich stets der Demag Ergotech gepredigt habe –, den Wettbewerb mit den Mittelständlern aufzunehmen, besser und preiswerter zu sein in Produkt und Service, die Größe des Konzerns zu nutzen, doch die Größe nicht gegen den Wettbewerber auszuspielen. Dieser Markt – die Hersteller und die Kunden – braucht den Wettbewerb. MPM braucht die Wettbewerber Engel und Arburg für ihr eigenes, kontinuierliches Fitnessprogramm.

Der Auftrag für die Zukunft

Die 60er waren Gründer- und Erfinderjahre; in den 70ern wurden die Produzenten Anker, Stübbe und Mannesmann vereinigt unter dem Schirm der Demag; in den 80ern wurde konzentriert und saniert. Der Aufschwung zum internationalen Unternehmen fand in den 90er Jahren statt. Es waren Jahre der ständigen Veränderung.

Ich erwarte, dass im nächsten Jahrzehnt der Dienst am Kunden auch in der Kunststofftechnik zu einem konkreten Produkt wird. Selbstverständlich werden Spritzgießmaschinen auch in Zukunft entwickelt und gefertigt. Aber die technische Beratung des Kunden wird immer wichtiger, die anwendungstechnischen Entwicklungen, die Projektierung, die Automatisierung und der Service in seiner klassischen Form wie die Reparatur und Instandsetzung von Maschinen, die Pflege, die Um- und Aufrüstung von in Betrieb befindlichen Maschinen mit neuen intelligenten Bauteilen wie beispielsweise der Steuerung.

Der Hersteller von morgen wird Aufgaben des Kunden übernehmen, auch dessen betriebliche Aufgaben und dessen betriebliche Risiken. Die Abkehr von deutschen Maschinenbau-Traditionen muss Demag Ergotech in den nächsten Jahren vollziehen und davon überzeugt sein, dass nicht die klassische Produktion existenzielle Sicherheit schafft, sondern dass die Dienstleistung als ein attraktives, gewerbliches Produkt gleichgewichtig neben der Produktion steht.

Jünkerath

In meinen Statements zur Geschichte der Demag Ergotechs habe ich die zum Geschäftsbereich gehörende Gießerei in Jünkerath nicht erwähnt. Zu Recht – wie ich meine – , weil der Standort Jünkerath eine eigene Geschichte hat, zumal eine sehr wechselhafte Geschichte, nicht nur als Hersteller von Grau- und Sphäro-Guss, sondern auch als Hersteller von Maschinenbau, inklusive schwerer Spritzgießmaschinen bis ins Jahr 1982. Andererseits haben die Jünkerather Mitarbeiter sehr wohl verdient, im Zusammenhang mit den Ergotechs genannt zu werden. Sie lieferten den anspruchsvollen Guss für die Schließplatten und waren bei der konstruktiven Gestaltung derselben aktiv beteiligt.

Die Geschichte dieses ältesten Standorts von Mannesmann verdient geschrieben zu werden.

9.3 Man schafft Erfolg mit einer guten Mannschaft
Aufschwung mit den kleinen Ergotechs aus Wiehe

Nach dem Start des „Projektes Wiehe" im Dezember 1990 gelingt es der Thüringer Mannschaft, geführt von Hans-Jürgen Wörmer, und einer

Gruppe „kooperativer Wessis" der Mannesmann Demag Kunststofftechnik (MDKT) in Schwaig, gemeinsam in kurzer Zeit die partnerschaftliche und gleichberechtigte Basis für den heutigen Erfolg des Werks und seines Produkts zu finden – auch nach zehn Jahren deutscher Einheit durchaus nicht selbstverständlich. Können und Leistungsbereitschaft der ostdeutschen Mitarbeiter tragen ebenso dazu bei wie die offene und freundschaftliche Akzeptanz, die die neuen Kollegen in der MDKT-Organisation erfahren.

Schon Ende 1989 definiert MDKT das strategische Ziel, sich im Marktsegment der Spritzgießmaschinen unter 100 Tonnen stärker zu engagieren. Dazu werden unterschiedliche Möglichkeiten intensiv untersucht, unter anderem der Kauf eines Wettbewerbers oder der Ausbau des Schwaiger Werkes, was allerdings allein aus Platzgründen nicht optimal erscheint.

Kurz nach dem Fall der Mauer, und zwar Anfang 1990, nimmt die damalige Betriebsleitung des Plastmaschinenwerks Wiehe GmbH Kontakt zur Geschäftsführung der MDKT auf. Die gegenseitigen Interessen sind rasch in Einklang gebracht: Wiehe sucht einen kapitalstarken und technisch führenden westdeutschen Partner und MDKT sieht plötzlich eine völlig neue Möglichkeit, ihre Kleinmaschinen-Pläne zu realisieren.

Von da an geht alles sehr schnell. Im April 1990 besucht Hans-Jürgen Wörmer, damals noch Kaufmännischer Direktor bei MDKT in Schwaig, gemeinsam mit einigen Experten aus der Demag-Zentrale erstmals das Werk in Wiehe. Sie finden dort technisch kompetente Gesprächspartner und ein für DDR-Verhältnisse gut ausgestattetes und funktionierendes Werk vor.

Wiehe fertigt damals zirka 600 kleine Spritzgießmaschinen im Jahr, fast ausschließlich für den Export in die UdSSR beziehungsweise in den Comecon-Raum bestimmt. Nach Aussagen der Führung in Wiehe arbeiten zu der Zeit über 10000 Wiehe-Maschinen in der UdSSR.

In anfänglichen Überlegungen – und einem ersten strategischen Irrtum – geht man davon aus, die Geschäftsbeziehungen mit der UdSSR auch künftig unter den neuen politischen und wirtschaftlichen Umständen relativ unverändert fortsetzen zu können. Was im Übrigen sehr gut zu den entsprechenden Aktivitäten der MDKT passt, die bereits Anfang 1990 ein Jointventure mit Sitz in Moskau etabliert haben, um den russischen Markt zu bearbeiten.

Darüber hinaus will man mit Maschinen aus Wiehe auch sehr schnell auf die westlichen Märkte. Dazu ist vorgesehen, gemeinsam mit den Schwaiger Kollegen ein so genanntes Übergangs-Produktprogramm zu entwickeln. Zwei Maschinentypen – 30 und 50 Tonnen Schließkraft – auf

Basis der vorhandenen Wiehe-Maschinen sollen mit Steuerung und IBED aus Schwaig sowie mit modernen Hydraulikkomponenten kurzfristig auf ein Niveau gebracht werden, das auch auf westlichen Märkten in größeren Stückzahlen verkäuflich ist.

Der erste Wirtschaftsplan für den Zeitraum 1991 bis 1995, als Basis der Kaufentscheidung für das Wiehe-Werk entstanden ..., ist im Grunde der zweite strategische Irrtum. Gemäß dieser Planung sollen bis zur technischen Restrukturierung des Werkes und der Entwicklung des neuen Wiehe-Produktprogramms bereits ab 1991 zirka 800 Kleinmaschinen pro Jahr aus Wiehe verkauft werden, rund 500 davon nach Russland. Ab Mitte 1993 ist der Start des neuen Maschinenprogramms vorgesehen.

Dieser Wirtschaftsplan mit einem sehr ambitionierten Investitions- und Entwicklungskonzept sowie Aufwendungen von rund 50 Millionen DM wird dem Demag- und Mannesmann-Vorstand im Sommer 1990 zur Genehmigung vorgelegt. Die Zustimmung dafür erscheint unsicher, da in diesem Plan natürlich erhebliche Risiken und viele Unwägbarkeiten enthalten sind.

Umso überraschender kommt die kurzfristige Entscheidung von Dr. Werner H. Dieter, dem damaligen Vorstandsvorsitzenden der Mannesmann AG, „Wiehe wird gemacht!".

Im Dezember 1990 unterschreibt Hans-Jürgen Wörmer gemeinsam mit Herrn Kutschmann von der Rechtsabteilung der Demag AG bei der Treuhandanstalt in Berlin den Kaufvertrag für Wiehe. Das ist der Startschuss zu aufregenden und arbeitsreichen Jahren für alle Beteiligten, oft mit erheblichem Zweifel am Erfolg.

Denn sehr schnell werden die genannten strategischen Irrtümer Realität. In Russland sind auf der neuen Basis keine Geschäfte mehr zu machen. Die Tatsache, dass alle Lieferungen plötzlich in harten Devisen gezahlt werden müssen, blockiert über Monate unsere Bemühungen, zu neuen Russland-Verträgen zu kommen.

Nun sind die beiden Maschinen des Übergangs-Produktprogramms zwar fertig; und hierbei kommt zum ersten Mal die hervorragende Zusammenarbeit der Techniker aus Schwaig und Wiehe zum Tragen. Aber die westlichen Märkte nehmen trotz erheblicher Vertriebsanstrengungen nicht die Stückzahlen ab, die geplant sind, wobei der relativ hohe Preis der Maschinen noch nicht einmal der entscheidende Grund ist.

Im Januar 1991 ist Wiehe eine völlig „leere" Fabrik. Die alten Russland-Aufträge sind ausgeliefert und es gibt noch keine neuen. Also gilt es jetzt, die neuen, aber bereits veralteten Strategien schnellstmöglich an die neuen Gegebenheiten anzupassen, damit die Zukunftspläne nicht zu Ende sind, bevor sie überhaupt richtig begonnen haben. Vor allem der unerschütterliche Optimismus von Herrn von Schroeter ist in dieser schwierigen Situation die wesentliche Stütze.

Zunächst ist die heikle Aufgabe eines starken Personalabbaus in Wiehe zu erledigen. Psychologisch ausgesprochen schwierig, denn Entlassungen waren in der ehemaligen DDR völlig unbekannt. Wolfgang von Schroeter und Hans-Jürgen Wörmer haben während der Betriebsversammlung im Februar 1991 die bittere Wahrheit eines Abbaues von 430 auf 250 Mitarbeiter zu verkünden.

Und es müssen Aufträge aus Russland her, denn nur so besteht die Chance, das Zukunftsprogramm von Wiehe zu realisieren und die notwendigen Gelder dazu von Mannesmann auch wirklich zu erhalten.

Dafür sind Aktivitäten auf verschiedenen Ebenen und an unterschiedlichen Schauplätzen erforderlich, denn zunächst sind nur Geschäfte auf der Basis Hermes-gedeckter deutscher Kredite mit Russland möglich. In Russland müssen die Interessenten ermittelt werden, die mit Wiehe Geschäfte machen wollen und die auch die kommerzielle Kompetenz besitzen, derartige Kredite in Russland genehmigt zu bekommen. Gleichzeitig ist auf deutscher Regierungsseite und bei Hermes die Gewährung dieser Kredite durchzusetzen.

So kommt es bis 1992 zu häufigen und auch häufig frustrierenden Akquisitionstouren bei Firmen und Ministerien in Russland. Doch mittlerweile wird in Moskau ein starker Mitstreiter für die Kunststofftechnik gefunden: Helmar Franz, früher dort für die Außenhandelsorganisation Wemex tätig. Er kennt den russischen Markt, die Kunden und auch die Entscheidungsträger in den Ministerien. Franz wird Geschäftsführer des Moskauer Jointventures Mannesmann Demag Plastservice; man findet gemeinsam die notwendigen Wege zum Erfolg, stark unterstützt von Michael T. Mandel aus dem Moskauer Mannesmann-Büro.

Es gelingt, mit einer ganzen Reihe von kompetenten Firmen in Russland Lieferverträge abzuschließen, mit hohen Stückzahlen und einem Volumen, das letztlich bei fast 1,5 Milliarden DM liegt. Zunächst wird das „Russland-Team" wegen dieser Verträge belächelt, für deren Inkrafttreten anfangs noch alle Voraussetzungen fehlen.

Doch „plötzlich" ist der erste Vertrag mit einem Liefervolumen von 44 Millionen DM unter Dach und Fach; der erste Erfolg für Wiehe ist geschafft. Und jetzt erst beginnt die eigentliche Erfolgsgeschichte von Wiehe, denn dieser erste Auftrag und die dann noch folgenden Aufträge aus Russland geben der Mannschaft in Wiehe die Zeit und den Spielraum für die Gestaltung ihrer Zukunft.

Die Entwicklung des neuen Produktprogramms wird mit Hochdruck vorangetrieben; viele neue und teilweise revolutionäre Ideen werden geboren. Dabei werden auch traditionelle Denkweisen überwunden, zum Beispiel wandeln sich Anhänger des Kniehebels zu Fans der Voll-hydraulik.

Vor allem aber ist es das beispielhafte Zusammenwirken der Techniker aus Schwaig, Wiehe und Jünkerath, die offen, gleichberechtigt und mit gemeinsamer Begeisterung das Entwicklungsprogramm realisieren: Sie sind sich sicher, das Projekt Wiehe konzeptionell richtig angepackt zu haben:

- Ein strenges Kostenmanagement mit Vorgaben bis zur letzten Schraube macht es möglich, die am stärksten Wettbewerber orien-tierten Kosten- und Preisziele der Maschinen zu erreichen;
- das konsequente Einbinden der Vertriebskollegen aus dem In- und Ausland in die Entwicklung stellt sicher, dass die neuen Produkte auch wirklich marktgerecht sind; und
- die Marketingideen, wie der Markenname „Ergotech" für die neuen Maschinen oder die anfangs umstrittene Farbgebung, das „Ergotech-Blau", sorgen für den notwendigen Pfiff in der ganzen Ange-legenheit.

Was sich so einfach anhört, ist in Wirklichkeit harte Arbeit mit oft näch-telangen Diskussionen aller Beteiligten, um mit den neuen Ergotech-Modellen rechtzeitig zur K '92 fertig zu sein. Übrigens werden in diesen Nächten viele konstruktive und organisatorische Ideen auf Bierdeckeln festgehalten, die am nächsten Morgen von einer Sekretärin protokolliert werden.

Parallel zur Produktentwicklung läuft die Restrukturierung des Wer-kes bei gleichzeitig voller Produktion – „Simultaneous Engineering" in Realität.

Schon sehr früh wird festgelegt, die Eigenfertigung in Wiehe auf Kernkompetenzen zu beschränken und alles andere zuzukaufen, auch im Fertigungsverbund mit Schwaig. Diese Kernkompetenzen sollen in bestmöglicher und kostengünstiger Weise wahrgenommen werden, in einer hochmodernen Fabrik mit dem besonderen Augenmerk auf Fer-tigungsdurchlauf und Logistik. In der Bauphase gibt es viele Pannen, die heute noch als „Geschichten beim Bier" von den Beteiligten zum Besten gegeben werden. Aber das Ergebnis kann sich sehen lassen und hat sich mehr als bewährt.

Auch hierbei engagieren sich viele Menschen in besonderer Weise, zum Beispiel die Bau- und Fertigungstechniker der Demag-Zentrale in Duisburg unter Führung von Karlheinz Nisch. Vor allem aber die Mitarbeiter der Produktion in Wiehe, die mitten im Umbau bei Lärm, Staub und Kälte die Produktion aufrechterhalten, und der Betriebsrat, der bei diesen teilweise „unmöglichen Arbeitsbedingungen" oft mehr als nur ein Auge zudrücken muss.

Am 25. März 1993 wird das neue Werk offiziell eingeweiht. In der Produktion stehen schon die neuen Ergotechs, mit denen man im Oktober 1992 auf der Kunststoffmesse in Düsseldorf pünktlich gestartet ist und die sich anschließend im Einsatz beim Kunden, von kleineren technischen Problemen einmal abgesehen, von Anfang an hervorragend bewähren.

1993 schreibt Wiehe bereits ein ausgeglichenes Ergebnis und erreicht 1994 die Verkaufsstückzahlen, die im ersten Wirtschaftsplan des Jahres 1990 für 1994 geplant sind; nicht geplant war allerdings, 1994 bereits Gewinn zu machen und 1995 die vorgegebene Sollrendite zu erreichen.

Die strategischen Irrtümer der Anfangsphase sind inzwischen korrigiert: Es ist das Verdienst aller, die diese Kraftanstrengung und ein konsequent umgesetztes, integriertes Konzept für Produkt und Produktion mittragen.

Diese rasante positive Entwicklung des Standorts Wiehe gelingt nicht zuletzt, weil er integrierter Bestandteil der MDKT-Organisation ist. Die Nutzung der in Schwaig und Jünkerath vorhandenen technischen Kompetenz sowie die Einbindung der Wiehe-Produkte in die vorhandene, schlagkräftige Vertriebsorganisation sind dazu unabdingbare Voraussetzung.

Die Jahre 1994 und 1995 sind die Jahre der Konsolidierung, bei allerdings unverändert hohem Arbeitstempo. Das erfolgreiche Produktprogramm wird nach oben auf 100 Tonnen, später 110 Tonnen Schließkraft ergänzt. Auch eine dritte Typenreihe, die „Ergotech pro" als eine Einfach-Maschine, geht in die Entwicklung, erreicht aber nicht ganz den vorgesehenen Markterfolg, doch ist sie Basis für viele später genutzte technische Lösungen.

Hans-Jürgen Wörmers Engagement in Wiehe endet im März 1995, der Mannesmann-Konzern beruft ihn auf eine andere Position. Sein Nachfolger wird Helmar Franz.

9.4 Zeitzeuge: Hans-Jürgen Wörmer
Von der Faszination eines Projektes
Hans-Jürgen Wörmer, heute Mitglied der Geschäftsführung der SMS Demag AG, begann seine Kunststoffkarriere 1989 als Kaufmännischer

Direktor bei Mannesmann Demag Kunststofftechnik (MDKT) in Schwaig und war von Dezember 1990 bis März 1995 Geschäftsführer der Mannesmann Demag Kunststofftechnik Wiehe GmbH, Thüringen.

Er war vom ersten Federstrich bis März 1995 verantwortlich für das Projekt Wiehe, den Erwerb des Plastmaschinenwerks Wiehe und den Aufbau einer modernen Kleinmaschinenfertigung und hat diese bis zu seinem Ausscheiden auf eine gesunde wirtschaftliche Basis gestellt.

Er lieferte ebenso engagiert, wie er in Wiehe gewirkt hat, den Input für den vorhergehenden Beitrag „Man schafft Erfolg mit einer guten Mannschaft"; dazu noch ein paar ganz persönliche Anmerkungen von ihm:

„Die deutsche Einheit gab mir die einmalige Gelegenheit, am Projekt Wiehe mitzuwirken. Rückblickend war es die wohl faszinierendste, durchaus nicht selbstverständliche Erfahrung, zu erleben, in welch positivem Sinne sich die Zusammenarbeit der ostdeutschen und der westdeutschen Mitarbeiter der Mannesmann Demag Kunststofftechnik entwickelte – offen, gleichberechtigt, absolut partnerschaftlich.

Ich bin heute stolz darauf, dabei gewesen zu sein, und ich denke oft in Dankbarkeit an meine Zeit bei der Kunststofftechnik und an die Menschen, mit denen ich zusammenarbeiten durfte.

Noch bevor das Plastmaschinenwerk Wiehe von MDKT erworben wurde – mit dem Ziel, dort Kleinmaschinen zu bauen –, sind wir 1990 zu Verhandlungen mit dem Auto nach Wiehe gereist. Die Fahrt dorthin war noch recht abenteuerlich, schlechte Straßen und kaum Hinweisschilder, und es gab weder Tankstellen noch akzeptable Hotels.

Aber das Werk und seine Belegschaft machten auf mich von Anfang an einen wirklich positiven Eindruck. Die Gesprächspartner waren technisch kompetent und die Fabrik für die Verhältnisse in der ehemaligen DDR in gutem Zustand.

Natürlich musste der Investitions- und Entwicklungsplan für Wiehe durch den Mannesmann-Vorstand genehmigt werden. Was die für uns alle überraschend schnelle Entscheidung von Dr. Dieter pro Wiehe angeht, so ist sie – nach meinem Eindruck und durch entsprechende Zeitungsberichte belegt – auch dadurch zustande gekommen, dass Dr. Dieter dem Bundeskanzler ein starkes Mannesmann-Engagement in der ehemaligen DDR zugesagt hatte. Da kam der ‚Eilantrag' der MDKT zum Kauf des Werks in Wiehe genau zum richtigen Zeitpunkt.

Während meiner Zeit vor und bei der Mannesmann Demag Kunststofftechnik durfte ich einige wirklich motivierende Augenblicke erleben, der erhebendste jedoch in meinem ganzen Berufsleben – und vielleicht auch für die ganze Wiehe-Mannschaft – war der Moment, als mich Helmar Franz 1992 aus

Moskau anrief und mir mitteilte, dass der erste Russland-Vertrag mit einem Liefervolumen von 44 Millionen DM ‚wasserdicht' war: Die Erfolgsstory von Wiehe begann.

Dem ging allerdings eine eklatante Fehleinschätzung des russischen Marktes voraus, die wir nur durch intensive und harte Akquisition bei Firmen und Ministerien ins Positive drehen konnten.

Wenn ich an die Zusammenarbeit der Entwicklungsteams aus Schwaig und Wiehe zurückdenke, dann hat mich besonders fasziniert, wie sich zum Beispiel ‚Anker-Mann' Hans Blüml, bekannt als eingeschworener ‚Kniehebler', in die Entwicklung vollhydraulischer Maschinen einbrachte. Sogar Dr. Eberhard Dobner, unser damaliger Demag-Vorstand, war intensiv dabei und legte beim Entwickeln manchmal selbst Hand mit an.

Es liegt mir am Herzen, dies noch einmal deutlich zu machen: Die Zusammenarbeit der ‚Entwicklungsachse' Schwaig/Wiehe/Jünkerath hat einfach gestimmt – und nicht zuletzt das Konzept für das Produkt Ergotech und das Werk Wiehe. Eigentlich haben wir das Werk um das neue Produkt herumgebaut, ich meine, wir haben die kleine Ergotech für die Kundenbedürfnisse in diesem Bereich und die Fertigung für die neue Ergotech maßgeschneidert.

Als mich Mannesmann 1995 mit einer neuen Aufgabe betraute, habe ich Wiehe mit einem lachenden und einem weinenden Auge verlassen. Dass Helmar Franz mein Nachfolger wurde, habe ich außerordentlich begrüßt.“

9.5 Von Geistern und anderen Kunden
Vertrieb ist, wenn man trotzdem verkauft

Gerhard Maßfelder, Gesamtleitung Vertrieb der Demag Ergotech GmbH, Schwaig, erinnert sich – auch ganz persönlich:

„Der Besuch eines unserer Kunden in Südostasien nahm eine überraschende Wendung. Eigentlich sollten wir gegen elf Uhr unsere Geschäftspartner treffen, um die zu liefernde Mehrkomponentenmaschine zu diskutieren. Bei unserer Ankunft war aber – was wirklich absolut ungewöhnlich in unserer Geschäftsbeziehung war – keiner unserer Gesprächspartner da. Uns wurde mitgeteilt, die Herren wären auf Grund eines Problems bis zum Sonnenaufgang in der Firma gewesen und würden deshalb später kommen. Um die Wartezeit möglichst sinnvoll zu nutzen, gingen wir in die Produktionshalle, um uns die Maschinen anzusehen. Dabei fiel uns auf, dass fast niemand arbeitete. Die Hälfte des Personals war vor der Halle versammelt und betete inbrünstig – fein säuberlich nach Religionen getrennt.

Als wir nach dem Grund für die doch etwas ungewöhnliche Gebetszeit fragten, erfuhren wir, dass in der vorhergehenden Nacht drei Geister zwischen Mitternacht und Tagesanbruch in und vor der Produktionshalle spukten. Sie wurden im Dunkeln genau gesehen und schlüpften dann zeitweise in die

Körper einiger Beschäftigter. Diese verfielen in einen Trance-Zustand und sprachen mit völlig veränderter, sehr tiefer Stimme. Die gesamte Nachtschicht geriet daraufhin in Panik und weigerte sich weiterzuarbeiten. Da jedermann weiß, dass Geister nur nachts ihr Unwesen treiben, konnte die Werksleitung jedoch die Mitarbeiter überzeugen, bei Sonnenaufgang ihre Arbeit wieder aufzunehmen. Zur Unfallverhütung wurde vorsichtshalber die halbe Belegschaft zum aktiven Schutzbeten abgestellt.

Ältere, sachkundige Gespensterspezialisten identifizierten die Geister als die von drei Anwohnern, die während des 2. Weltkriegs von japanischen Soldaten ermordet und irgendwo auf dem heutigen Werksgelände ohne religiösen Segen verscharrt wurden. Ruhe würde erst dann einkehren, wenn man die Skelette finden und ordentlich bestatten könnte. Da das Management nicht das gesamte Areal umgraben wollte, mit dem geringen Restzweifel, irgendwo überhaupt auf menschliche Überreste zu stoßen, wurde der General Manager beauftragt, die drei ortsbekannten ‚Ghostbuster' – einen Moslem, einen Hindu und einen Buddhisten – zu verpflichten.

Die Dienste dieser Geisterbeschwörer sind zwar nicht billig, aber immer noch billiger als das Umgraben des gesamten Werksgeländes. Durch kunst- und geheimnisvolle Zeremonien sollten die drei Geisterbeschwörer dann in der kommenden Nacht die Geister davon überzeugen, sich künftig dem Unternehmen fern zu halten. Trotz ISO-9000-Zertifizierung hat das Unternehmen, wie mir nach meiner Rückfrage versichert wurde, keine entsprechende Verfahrensanweisung, wie mit Geistern zu verfahren sei. Trotz schwerer körperlicher und seelischer Belastung nahm der Geschäftsführer im Laufe des Tages doch noch die Verhandlungen mit uns auf."

„Vertriebserfolg ist und bleibt ein individueller Erfolg. Das Produkt spielt eine wichtige Rolle. Nichts kann jedoch die Überzeugungsarbeit des einzelnen Vertriebsmannes ersetzen, der beim Kunden den individuellen Problemfall berät, auch wenn ihm die einen oder anderen Geister dabei in die Quere kommen.

Vertriebsarbeit hat ein Gesicht. Vertriebserfolg hat mehrere Gesichter. Für den weltweiten Vertrieb die überzeugenden Charaktere zu finden, ist meine Aufgabe. Und ich habe mir die Vervierfachung des Auftragseinganges von 550 Maschinen 1991 auf 2300 Maschinen zur Jahrtausendwende zur Aufgabe gemacht.

Deutschland war und ist immer noch das wichtigste unserer Vertriebsgebiete. Nicht nur, dass es der größte Markt für Spritzgießmaschinen in Europa ist, hier haben wir auch, zusammen allerdings mit unseren wichtigsten Konkurrenten, einen Heimvorteil. 1990, im Jahr unseres bis dahin besten Auftragseinganges, verkauften wir 305 Maschinen, was damals einem Inlandsanteil von über 40 Prozent unseres Geschäfts entsprach. 1998 lag der Inlandsanteil auf etwa demselben Niveau, allerdings entsprach das mittlerweile 867 Maschinen. Diese enorme Steigerung war natürlich nur mit den kleinen Maschinen aus unserem Werk in Wiehe möglich.

Aber auch im Vertrieb mussten wir einiges verändern, um unser breiteres Produktprogramm zu meistern. Die Bundesrepublik war größer geworden, anstelle von bisher zwölf waren wir jetzt in 18 Vertriebsgebieten aktiv; unsere neue Planung von 750 Maschinen erforderte eine andere Vertriebsstruktur. Hauptelement dieser Strategie war die Regionalisierung unseres Vertriebs in Deutschland. Unsere bisherige zentrale Organisation und Führung konnten, trotz des unermüdlichen und vorbildlichen Einsatzes unseres Vertriebsleiters Inland, Herrn Landler, und seiner Mannschaft die stark angestiegene Zahl von Projekten nicht mehr effizient und schnell genug verfolgen.

Wir haben deshalb vier regionale Vertriebs- und Technik-Kompetenzzentren eingerichtet mit Anwendungstechnik, Kundendienst und Angebotswesen sowie regionalen Vertriebsleitern. Damit wollten wir flächendeckend unseren bestehenden und potenziellen Kunden in jeder Hinsicht näher kommen.

Parallel dazu führten wir qualifizierende technische Schulungen und ein Vertriebs-Coaching aller Außendienstmitarbeiter durch. Schon nach kurzer Zeit erzielten wir damit einen durchschlagenden Erfolg. Kurze Wege zum Kunden und bessere Transparenz halfen in Vertrieb und Kundendienst, individueller, direkter und genauer zu reagieren, schneller und oft auch besser zu entscheiden. Noch nie zuvor hatten wir so viele neue Kunden und noch nie in Deutschland so viele große Projekte mit hohen Stückzahlen gewonnen, zum Beispiel bei Dr. Schneider, Sarstedt, Wago, Henke, Siemens oder AEG.

Und doch haben wir unsere Möglichkeiten noch nicht voll ausgeschöpft. Wir müssen deshalb in den nächsten Jahren, vor allem durch Weiterführen der Gebietsgespräche und durch daraus abzuleitende Maßnahmen, den bisherigen positiven Trend weiterentwickeln.

In UK – Demag Hamilton: Marktführer, weil der Dienst am britischen Kunden ernst genommen wird, aber auch auf Grund der intensiven freundschaftlichen Kundenkontakte, die unter anderem zwischen Golf und Rugby gedeihen.

Barry Taylor hatte bereits Einfluss auf die D-Baureihe. Nicht minder sein Einfluss auf die Ergotechs. Barry hat die kleinen Maschinen gefordert und war über Jahre ein Rufer nach den großen.

Frankreich – Demag Ergotech France (DEFT) war über lange Zeit der größte Exportmarkt für Anker-, Stübbe- und später Demag-Spritzgießmaschinen. Anfang der 90er Jahre hatten wir auf Grund großer Schwächen in der Geschäftsführung der französischen Tochter unseren früheren hohen Marktanteil verloren und lagen bei weniger als drei Prozent. Dies drückte natürlich schwer auf die Moral und die Arbeitsqualität aller unserer französischen Mitarbeiter, im Vertrieb wie im Kundendienst. Die einzige Ausnahme und große Stütze in dieser schweren Zeit war Mme. Cornebois, der ich für ihre unerschütterliche Loyalität, damals wie heute, noch immer dankbar bin.

Unsere Misere war natürlich sehr schnell bei den meisten Kunden, mehr aber noch beim Wettbewerb bekannt und wir hatten äußerst große Schwierigkeiten, überhaupt Interessenten für die Position des Geschäftsführers zu bekommen und leider war keiner der Bewerber genügend qualifiziert.

Wir entschieden uns dann, temporär ohne Geschäftsführung zu arbeiten und unsere Tochterfirma interimsweise durch Eric Taveau zu betreuen, bis wir die richtige Person gefunden hatten. Unsere Vorstellung war seinerzeit nicht, einen Geschäftsführer, sondern einen ersten Verkäufer zu finden. Würden wir erst mal wieder regelmäßig Aufträge erhalten, so müssten auch alle anderen Probleme in Kundendienst und Vertrieb leichter lösbar sein. Und wir wurden fündig: Christian Lozé, ein junger, ambitionierter Vertriebsingenieur, der in Nordfrankreich erfolgreich für den Vertreter der Firma Stork arbeitete, passte hervorragend zu uns. Unser Ziel war, langfristig in Frankreich mit einem Marktanteil von plus 15 Prozent wieder der Größte zu werden. Aber ehrlich gesagt, wir hatten beide unsere Zweifel, ob wir dieses ehrgeizige Ziel jemals erreichen würden.

Wir begannen, die ersten Ergotechs in Frankreich zu verkaufen. Wir formulierten, gegen den Widerstand vieler in Schwaig und Wiehe, eine aggressive Preispolitik, die letztlich akzeptiert und durchgesetzt wurde, weil niemand eine bessere Strategie wusste.

Der Erfolg kam nicht sofort und wir hatten eine Reihe von schweren Rückschlägen, vor allem im Kundendienst. Es gelang uns aber in stetiger Arbeit, Jahr für Jahr mehr Maschinen zu verkaufen. Unser Renommee wurde peu à peu wieder besser und wir konnten unseren Vertrieb und Kundendienst erfolgreich verbessern und verjüngen: mit bestens ausgebildeten Technikern und hervorragenden Vertriebsingenieuren. Damit schwächten wir manchen Wettbewerber und konnten eine große Zahl neuer Kunden ansprechen und gewinnen. Neben unserem Hauptsitz in Bussy-St. Georges bei Paris haben wir auch in Lyon, nahe dem stärksten Markt Frankreichs, nämlich in Oyonnax, dem so genannten ‚plastic vallée', eine gut besetzte Vertriebs- und Service-Niederlassung aufgebaut.

Der ‚esprit d'équipe' in der DETF ist hervorragend und beispielhaft. Die Vertriebsmitarbeiter kooperieren hervorragend, man vertritt sich gegenseitig engagiert während des Urlaubs oder bei Krankheit. Gleichzeitig herrscht innerhalb des Außendienstes ein gesunder Wettbewerb, der dazu führt, dass man sich gegenseitig motiviert und gemeinsam den Auftragseingang steigert. Dank unserer engen inneren Zusammenarbeit kennt jeder Verkäufer fast jeden Kunden, zumindest aber die anstehenden Projekte.

DETF hat heute, allgemein anerkannt, den besten Vertrieb und Kundendienst in Frankreich; mit einem Marktanteil von über 16 Prozent sind wir wieder die Nummer eins in unserem Nachbarland. Wir sind sicher, diesen Platz auch im neuen Jahrtausend behaupten zu können.

Spanien – Demag Ergotech Spain, ebenfalls eine Division der lokalen Mannesmann Dematic: Johannes Strassner kam über Battenfeld zu Demag Ergotech und verbindet vertriebliches Gespür mit einer ausgeprägt systematischen Herangehensweise an den Markt.

1998 – nach Jahren der Krise und einem Neuanfang unter Gerhard Kützing, der die Division von Madrid nach Barcelona umziehen ließ, ins Herzgebiet der spanischen Kunststofftechnik – über 100 Spritzgießmaschinen für Ergotech; ein steter Anstieg der Marktanteile; Pflege der traditionellen Kunden, gleichzeitig Akquisition neuer Kunden.

Italien – Demag Ergotech Italia (DETI): In den 70er und 80er Jahren war Italien für die Demag ein ‚non market', da sich unsere damaligen Maschinen trotz hohen technischen Niveaus aus Preisgründen gegenüber der italienischen Konkurrenz nicht verkaufen ließen.

Die Situation änderte sich nach der Einführung unserer neuen Ergotech-Reihe im Jahr 1992 entscheidend. Vor allem mit der compact-Version unserer kleineren Maschinen kamen wir zum ersten Mal auch mit unseren Preisen in die Nähe dessen, was in Italien möglich war. Gleichzeitig erhielten wir zunehmend Anfragen, weil sich viele italienische Kunststoffverarbeiter verstärkt um Exportaufträge nach Deutschland bemühten und glaubten, mit deutschen Maschinen besser an solche Aufträge zu kommen.

Unsere Chance war da, aber wir hatten keine Organisation und unsere schwierige geschäftliche Situation ließ uns auch kaum finanziellen Spielraum, um Neues zu schaffen. Der Gedanke, mit Schwester- oder Tochterbetrieben zu operieren, wurde schnell verworfen, weil dies von den Kosten her nicht günstiger war und unseren operativen Spielraum einschränken würde. Mit italienischen Vertriebsingenieuren zu arbeiten, war ebenfalls problematisch, da alle Kandidaten zu sehr ihre eigene finanzielle Sicherheit im Auge hatten und weniger die vertriebliche Aufgabe. So blieb uns nur die Zusammenarbeit mit einem gut eingeführten italienischen Vertreter. Diesen fanden wir in der Firma SIRT (Società Italiana Rappresentanze Tecniche) in Tortona.

Nachdem kaum ein einzelner Vertreter in der Lage ist, den italienischen Markt flächendeckend zu bearbeiten, gründeten wir zusammen mit SIRT eine kleine, effiziente Importgesellschaft, die Maschinen einführen und eine Struktur für Angebote und Kundendienst aufbauen sollte.

Den Vertrieb sollten regionale, freie Vertreter übernehmen, die von unserer Firma bei Verkaufsgesprächen technisch beraten und unterstützt werden. Dazu brauchten wir einen deutschen Mitarbeiter, der die italienische und die deutsche Mentalität ‚harmonisieren' und darüber hinaus die technische Beratung und Unterstützung bei Abschlussgesprächen sowie den Aufbau des Kundendienstes sichern konnte. Dafür hatten wir mit unserem ‚dottore ing.' Stefan Greif (eigentlich ein Bankkaufmann) den richtigen Mann gefunden.

Unsere ersten Vertriebskonferenzen verliefen äußerst temperamentvoll, ein aufgescheuchter Hühnerhaufen war im Vergleich dazu eine wohlgeordnete Veranstaltung. Starke Nerven, viel Sensibilität – gepaart mit einem gehörigen Maß an Dickfelligkeit – waren notwendig, um unser Schiff auf den richtigen Kurs zu bringen.

Wir fanden die richtige Mischung aus teutonischer Geradlinigkeit und guter Technik – mit Respekt und Verständnis für die emotionale italienische Vertriebskreativität. In Deutschland war es damals, wie immer vor allem wegen der Preise, nicht einfach, Akzeptanz für unsere italienische Strategie zu finden. Am Ende konnten wir uns aber doch durchsetzen.

Parallel dazu war 1993/94 ein gutes Jahr für Kunststoffverarbeiter in Italien. Wir konnten in dieser Zeit fast 150 Maschinen verkaufen und uns damit in Italien als ernst zu nehmender Anbieter von Spritzgießmaschinen etablieren. Unsere italienischen ‚agenti' wurden selbstbewusste Demag-Vertreter, die mit Stolz und großem Engagement unsere Interessen wahrnehmen und erfolgreich durchsetzen.

In den letzten Jahren ist DETI ständig weiter gewachsen; unter der Geschäftsführung von Ingo Meyer und Giorgio Milite haben wir unsere Marktposition erfolgreich konsolidiert: Mit einem Auftragszugang von mehr als 200 Maschinen 1999 ist Italien heute einer unserer größten Auslandsmärkte. Wir sind sicher, unseren Marktanteil in den nächsten Jahren weiter erhöhen zu können, mit guten Chancen, Italien nach Deutschland in Europa zum wichtigsten Markt zu machen.

Eine der großen Stärken eines weltweiten Unternehmens wie das der Demag Ergotech GmbH ist seine weltweite Präsenz. In Ländern wie Großbritannien, USA und Frankreich sind wir seit Jahren Marktführer. Doch sechs so genannte kleine Länder tragen immer mehr zum weltweiten Erfolg der Ergotech-Reihe bei: Unsere Aktivitäten in Belgien, den Niederlanden, Israel, Griechenland, Slowenien und Tschechien, die vor zwei Jahren noch vier Prozent des weltweiten Auftragseingangs ausmachten, stiegen in ihrer Bedeutung ganz erheblich – auf fast zehn Prozent.

In Holland: Durchbruch nach mehreren mühevollen Jahren, nachdem Hans van Wijlandt bei Landre & Werkmetaal in Vianen für den Vertrieb der Spritzgießmaschinen verantwortlich wurde.

In Schweden: Eddi Meyer, Inhaber der Firma Forvema in Kinna, sah die Ergotech und wechselte von Stork zu uns.

In Mexiko: Die Kramer-Familie – Inhaber von Avance Industrial S.A. –

schon immer das mexikanische Trumpf-Ass der Demag, kündigte Dr. Boy und übernahm zu den großen und mittleren auch die kleinen Ergotechs.

In Israel: Menachem Herzka (Firma Rocoa in Tel Aviv) mit einer langen, erfolgreichen Tradition im Vertrieb der Demag-Maschinen in einem schwierigen Markt, der unter anderem von den Japanern und auch den Koreanern intensiv bearbeitet wurde.

In Dänemark: Hans Reedtz (Firma Plamako in Kgs Lyngby), der nach vielen schwierigen Jahren den Durchbruch geschafft hat.

In den Märkten Schweiz, Österreich, Portugal: Mit den neuen Vertretungen Mapag/Bern (CH), Bühler/Königstetten (A) und Plasdan/Marinha Grande (P), kleine Märkte, für die Ergotech nicht minder wichtig, mit ihren ganz speziellen Eigenarten und vertrieblichen Anforderungen.

Die Schweiz, insbesondere ein Kleinmaschinenmarkt und wichtig für Wiehe im Wettbewerb gegen Arburg.

In Österreich heißt die Herausforderung Engel, der unumstrittene Hausherr im eigenen Land. Jeder Wettbewerb gegen Demags Ergotech ist ein sportliches Politikum.

In Portugal nach dem Ausscheiden von Elidio Martins: Paulo da Silva (Plasdan) plant konservativ, bucht progressiv und stärkt Demags Präsenz in einem wichtigen kleinen Markt Europas, nämlich dort, wo die Werkzeuge hergestellt werden, in Marinha Grande in der Nähe von Porto."

9.6 Zeitzeuge: Barry Taylor
How to sell injection moulding machines – from a very British point of view

Barry Taylor ist seit 1967 verantwortlich für den Vertrieb der Demag Hamilton UK und wurde dann 1984 deren Geschäftsführer. Er leitet damit eine Vertriebsgesellschaft, die seit Jahren zu den stärksten Vertriebsgesellschaften der Demag Ergotech gehört, und kann natürlich eine Menge Sachliches und Anekdotisches berichten:

„Es war in den späten 80er Jahren. Ich begleitete Peter Tilling, den Besitzer von Tilling Plastics, eines Abends zu einem Fußballspiel, das Pokal-Halbfinalspiel von FC Arsenal London, mit einer Unmenge Besuchern – wir waren beide Arsenal-Anhänger. Wir ließen unsere Autos außerhalb an einer Bahnstation stehen und fuhren mit dem Zug zum Spiel. Arsenal gewann und wurde stürmisch gefeiert, aber nach dem Spiel verlor ich Peter Tilling in dem Riesengedränge aus den Augen. Glücklicherweise trafen wir uns gegen 23 Uhr an der Bahnstation wieder und er lud mich ein, ihn noch mal in sein Werk zu begleiten, um einen Kaffee zusammen zu trinken. Wir machten erst einen Rundgang durch das Werk – alles lief bestens. Dann gingen wir in sein Büro und machten uns einen Kaffee. Dabei sagte er zu mir, er möchte gern eine D 560 bestel-

len, die wir ihm angeboten hatten, und fragte mich, ob ich was zum Schreiben dabei hätte. Alles was ich hatte, war mein Ticket für das Fußballspiel – und tatsächlich schrieb er die Bestellung für die D 560 auf die Rückseite des Tickets. Eine Bestellung über zirka 200.000 £! Kein schlechter Ausklang für einen Tag!

In den 60er und frühen 70er Jahren war Ankerwerk Nürnberg ein Privatunternehmen. Es hatte einen sehr konservativen Ruf, doch stand der Name für absolute Qualität. Man brauchte damals kein wirkliches Verkäuferteam, denn es war mehr eine Art ‚Zuteilung'; der Kunde konnte sich glücklich schätzen, überhaupt ein Angebot für eine Maschine zu bekommen. Die Philosophie des Ankerwerkes war: Wir bauen, was der Markt haben sollte, und die Kunden akzeptierten diese Philosophie tatsächlich und stellten sich schön brav in einer Reihe an!

In den 70er und 80er Jahren wurden die Wettbewerber entweder stärker oder verschwanden vom Markt und nach der folgenschweren Verschmelzung des Ankerwerks mit Stübbe, die zu einem Verlust von 40 Prozent des Gesamtmaschinenumsatzes führte, machte sich die Demag an die Reorganisation und Neuausrüstung der zentralisierten Werke.

Der weltweite Umsatz der Demag war winzig im Vergleich zu dem Umsatzanteil in Deutschland von 65 Prozent, UK 15 Prozent, Frankreich etwa zehn Prozent. Der Rest, einschließlich USA, machte die verbleibenden zehn Prozent aus. Die Marken Anker und Stübbe waren sehr hoch angesehen und bereits damals gab es eine große Loyalität der Kunden zu bewährten Marken.

Als die Demag dann die D-Maschine einführte, war der Markt großen Veränderungen unterworfen. Wettbewerber wie Arburg, Engel, Krauss-Maffei und Klöckner Windsor wurden größer und erwiesen sich als harte Konkurrenten.

Die ersten D-Maschinen waren zu teuer, um weltweit erfolgreich zu sein. Wir müssen heute Winfried Witte für seine Weitsicht danken, dass er damals in Schwaig neue Werkzeugmaschinen installierte und moderne Arbeitsmethoden einführte, mit dem Ziel, die Herstellkosten zu senken.

1990 wurde Wolfgang von Schroeter Geschäftsführer. Dies war die Zeit, als die Demag begann, sich zum ‚Global Player' zu entwickeln. Unter der Leitung von Herrn von Schroeter und unter Mithilfe von Gerhard Maßfelder entstand das, was ich als die weltweit größte ‚Sales Power' für Spritzgießmaschinen bezeichnen möchte.

Wieder unter Wolfgang von Schroeters Leitung musste eine klare Entscheidung darüber getroffen werden, ob man bei einer teuren, eindeutig unflexiblen Maschinenmarke und einem Lieferanten mit einem geringen Marktanteil bleiben will – was die Demag wirklich war – oder ob man an Volumen gewinnen und ein flexiblerer Maschinenbauer werden will. Von Schroeter entschied sich richtigerweise für Volumen: Mit der Entwicklung der Marke

Ergotech und dem Kauf des Standortes Wiehe war der Grundstein für den heutigen Erfolg gelegt.

Es ist sehr motivierend, Teil dieser weltweiten ‚Sales Force' von Demag Ergotech zu sein. Alle unsere Vertriebsmitarbeiter sind Profis und in ihren Regionen hoch angesehen.

Hier noch eine kleine Sales Story: Es war so um 1970, als eine Firma namens BSR in Birmingham, die bereits mehr als 300 Stübbe-Maschinen besaß, bei uns eine Bestellung über weitere 39 Maschinen aufgab. Es war der größte Einzelauftrag, den ich jemals erhalten hatte, und ich kann mich erinnern, dass ich den Einkaufsleiter, Denis Hayward, zum Essen einlud. Er zeigte aus dem Fenster auf eine lange Schlange von Autos, die alle vor dem Gebäude der BSR standen, um dort Waren abzuholen, und sagte, er sei zu beschäftigt und überhaupt würde er zum Mittagessen auf jeden Fall nach Hause gehen und dann seinen Hund ausführen! Also lud ich den Hund ebenfalls zum Essen ein, aber auch der schlug meine Einladung aus – very british!

Und zum Schluss: 1996 gewann Bespak den Golden Award von Plastics & Rubber Weekly für ihren Inhalator, 1999 erhielt Electromag-Neil den gleichen Preis für ihr modulares Zangensystem – und beide Firmen setzen Ergotech-Maschinen ein. Bespak ist ein großes, international agierendes Unternehmen, Electromag-Neil dagegen eine kleine Privatfirma. Was heißt das? Der PRW-Award wird für außergewöhnliches Design von Kunststoff-Formteilen vergeben. Es macht uns stolz, dass beide Preisträger mit unseren Maschinen arbeiten."

9.7 Zeitzeuge: Gerd Liebig
Noch einmal Mannesmann Plastics Machinery oder: Wie Kluges dem Zweifel trotzt

Gerd Liebig, Marketingleiter der Mannesmann Demag Kunststofftechnik, Mitglied des Regelkreises der Mannesmann AG und von McKinsey zur Gründung der Dachorganisation aller Kunststoffmaschinen-Hersteller:

„Die Anforderungen des Mannesmann-Vorstandes und von McKinsey an die Erstellung der Marktdaten waren sehr hoch und stiegen beständig von Woche zu Woche. So hoch der Anspruch war, so gering war die Transparenz der Aktivitäten, die dann letztendlich zur Gründung der Mannesmann Plastics Machinery führten. Die erhebliche Belastung in der Zusammenarbeit mit McKinsey und die geringe Resonanz, die unsere Arbeit bei den Vorständen hervorrief, ließen mich oft an dem Sinn unserer Arbeit zweifeln und führten innerhalb kurzer Zeit zu dem beachtlichen Gewichtsverlust von 20 Pfund, wobei zu sagen ist, dass mein Körperbau nicht gerade von übermäßiger Fettleibigkeit geprägt ist.

Den ersten Auftrag zur Analyse der unterschiedlichen Aktivitäten ver-

schiedener Mannesmann-Firmen im Kunststoffbereich formulierte der Mannesmann-Vorstand an den Demag-Vorstand Dr. Eberhard Dobner im Ruhestand im März 1996. Herrn Dr. Dobner gelang es, mit den Kunststoffmaschinen-Herstellern eine erste Analyse des Kaufverhaltens sowie der Marktanteile und eine grundsätzliche Klärung des Marktvolumens zu erstellen.

Schnell war klar, dass ohne strukturierte Führung und klare Vorgehensweise die sachliche Markttransparenz nicht zu erreichen war, die der Vorstand wünschte. Der Zentralbereich Unternehmensplanung beauftragte die Unternehmensberatung McKinsey, die geforderte Markttransparenz herzustellen.

Schnell war auch klar, dass ohne Einbeziehung des Markt-Know-hows der Gesellschaften ein effizientes und schnelles Erstellen der Marktanalysen nicht möglich war. Unter Führung von McKinsey gründete sich ein Regelkreis, der die Marktzahlen kurzfristig zusammenstellen sollte. Zu diesem Regelkreis gehörten die Herren Wolfgang Ollig und Dr. Thomas Heuser von McKinsey, Elmar Bischof von Krauss-Maffei und ich. McKinsey berichtete Dr. Cletus von Pichler, der die entsprechenden strategischen Konsequenzen aus den Marktanalysen ziehen sollte.

Am 11. Juni 1997 trafen sich die Geschäftsführer der Kunststoffmaschinenbau-Marken, Wolfgang von Schroeter (MDKT), Dieter Klug (Netstal), Wilhelm Schröder (Krauss-Maffei) und Helmar Franz (MDKT Wiehe) zur Vorbereitung der ersten Ergebnispräsentation von Dr. von Pichler in Düsseldorf am 2. Juli 1997.

‚Die Teilnehmer sind der gemeinsamen Auffassung, dass die Mehrmarken-Politik die Marktanteile sichert, die BBV-Ziele erreichbar macht und konsequent fortgesetzt werden muss.' Die Gruppe der Geschäftsführer formulierte die Forderung nach einer zentralen, übergeordneten und neutralen Führung, nach einem klaren Führungskonzept mit einer Organisationsstruktur, die im Markt kommunizierbar ist und Verschmelzungsgerüchten entgegenwirkt – und die gemeinsame Verantwortung für das gemeinsame Ergebnis trägt. In diesem Sinne vereinbarte man eine einheitliche Stellungnahme vor dem Vorstand der Mannesmann AG.

Die Aktivitäten rund um die Gründung der neuen Mannesmann Plastics Machinery waren sehr unübersichtlich und der Druck, der seitens McKinsey auf uns lastete, war immens. Die Aufgabe von McKinsey war es, die wesentlichen Weltmärkte nach den wichtigsten verfahrenstechnischen Schwerpunkten transparent zu machen. Da unabhängige Zahlen für diesen Bereich des Maschinenbaus nicht existierten, war McKinsey auf meine Marktbewertungen und die von Herrn Bischoff, Krauss-Maffei Kunststofftechnik, angewiesen. In unzähligen Anrufen und Faxen sowie Besprechungen bis tief in die Nacht näherten wir uns Schritt für Schritt einer umfassenden Markt- und Wettbewerbsbetrachtung.

Jede nicht beantwortete Frage, jede Zeitverzögerung wurde von hektischen Eingriffen der Projektleitung bei McKinsey und Dr. von Pichler begleitet. Erst viel später erfuhr ich, dass unsere Ergebnisse schon in der Anfangsphase zu recht unterschiedlichen Bewertungen führten. Die Mehrmarken-Strategie der unterschiedlichen Spritzgießmaschinen-Marken war wohl nicht gefährdet; es ging eher darum, wie die Machtverhältnisse in der neuen Organisation verteilt werden, wie stark diese Organisation und wie stark der Einfluss der Gesellschaften auf die neue Struktur ist. Die Kritik des Mannesmann-Vorstandes an den strategischen Empfehlungen von Herrn Dr. von Pichler wuchs.

Einiges muss ungeschrieben bleiben, weil es doch zu sensible Einzelheiten eines sehr schwierigen und sehr menschlichen Prozesses verrät, der letztendlich in eine Bewertung von einzelnen Personen mündete. Dies kann nicht Aufgabe dieses Beitrages sein. Die Situation war jedoch recht verfahren, auf der einen Seite Dr. von Pichler, der eine zentralistische Position vertrat, auf der anderen die Geschäftsführer der Gesellschaften – oft ungehört – in ihren Positionen einig und in ihrem Bekenntnis zur Mehrmarken-Strategie. Dann McKinsey und die Mitglieder des Regelkreises, dessen Arbeit eigentlich zu keinen merklichen Konsequenzen führte. Die Kommunikation war bis zuletzt zentralistisch. Regelkreis berichtet McKinsey, McKinsey berichtet Dr. von Pichler und der dem Mannesmann-Vorstand.

Am 14. November 1997 trafen sich die Führungen der Gesellschaften beim Mannesmann-Vorstand. Mein Handy klingelte um 17.20 Uhr am späten Nachmittag. Mein Chef, Herr von Schroeter, klang merkwürdig belustigt. ‚Herr Liebig', ich merkte, wie seine Augen funkeln mussten, seine Stimme senkte sich und sein Atem ging hörbar schwer, ‚wir haben gewonnen – jetzt sag ich Ihnen mal wie.' In den Folgeminuten habe ich meinen Chef so emotional wie noch nie erlebt. Sein mehrmaliges ‚Ich glaub' es nicht!' verriet seine erhebliche Anspannung, die ihn über den Tag begleitete und die sich nun total löste. Die Entscheidung der Mannesmann AG führte zur Gründung der Mannesmann Plastics Machinery. Vorstandsvorsitzender wurde Wolfgang Vogl, ehemaliger Vorstand der Mannesmann Dematic. ‚Ein Spitzenmann – den kenn ich von früher – von der Fördertechnik.'

‚Es wird eine kleine Führung mit Sitz in München geben, die die verschiedenen Gesellschaften der Kunststofftechnik leiten wird. Die Gesellschaften bleiben autonom und berichten dem Vorstand der Mannesmann Plastics Machinery, Herrn Vogl und Herrn Dr. Rauhut, die sich einiger Koordinatoren bedienen, die in den jeweiligen Funktionen Synergien zur professionelleren Bearbeitung des Geschäfts erreichen müssen.' Und dann der Hammer: ‚Die gute alte Mannesmann Demag Kunststofftechnik heißt, Herr Liebig, Sie glauben's nicht – Demag Ergotech.' Ich kann die Emotionen, die uns beide nach diesen Worten erfassten, nicht beschreiben. Mein Kind – man verzeihe mir die

starke Bindung –, die Ergotech wird erwachsen und wird zum Unternehmen. Die Demag Ergotech bleibt unabhängig in dem neuen Verbund der Mannesmann Plastics Machinery und wird keine Teilmenge der Krauss-Maffei.

Am Nachmittag wird die Börsenzeitung direkt vom Mannesmann-Vorstand informiert, die am nächsten Tag einen Bericht bringt. Dann überschlägt sich die Presse – teils pointiert:
- *Abendzeitung: Jobs sicher, Name weg (über Krauss-Maffei)*
- *Finanz und Wirtschaft: Netstal zappelt im Mannesmann-Netz*
- *Süddeutsche Zeitung: Krauss-Maffei-Konzern wird zerschlagen*
- *Süddeutsche Zeitung/Kommentar: Mannesmann-Tochter wird in Einzelteile zerlegt: Ohne Maffei*
  Aber auch sachlich:
- *Westfälische Nachrichten: Mannesmann bündelt Kunststoff-Bereich*
- *Frankfurter Allgemeine Zeitung: Mannesmann fasst Kunststoffmaschinen zusammen*
- *Börsenzeitung: Mannesmann ordnet Kunststoffmaschinen neu*
  Und auch nett:
- *Münchner Merkur: Mannesmann gründet Firma für Plastik*

Die Presse reagiert widersprüchlich. Kaum eine Zeitung versteht die Hintergründe, es wird wild spekuliert und total falsch verstanden. Glaubt man der Presse, so wird Krauss-Maffei zerschlagen und MDKT durch die Finanzbeteiligung bei Krauss-Maffei einverleibt. Glücklicherweise und zu unserer Überraschung ist eine Reaktion aus dem Kundenkreis entweder nicht vorhanden oder sachlich und zurückhaltend.

Nach dieser Entscheidung arbeitet McKinsey weiter, um Folgeaufträge und die konkrete Umsetzung zur Installierung der Führungsgesellschaft zu bekommen. Die Arbeit geht weiter. Der Dampf ist jedoch raus. McKinsey reduziert mehr und mehr die Zahl der Arbeitskreismitglieder und beendet seine Tätigkeit Ende Februar 1998. Die Mannesmann Plastics Machinery formiert sich.“

9.8 Neues Jointventure in China
Ergotech-Spritzgießmaschinen für den Wachstumsmarkt
Der gelernte Betriebswirt Stefan Greif hat zunächst als Länderreferent im Stammwerk Schwaig den skandinavischen Markt betreut, bevor er als Geschäftsführer die Vertriebsgesellschaft in Italien aufbaut. 1998 übernimmt er die Leitung der brasilianischen Vertretung von Demag Ergotech in Sao Paulo und strukturiert diese erfolgreich um. Seit 1. April 1999 ist er Geschäftsführer des Fertigungsstandorts Ningbo/China.

„Es ist die extremste Herausforderung meines beruflichen Lebens. In einem

anderen Kulturkreis mit vielen neuen Menschen eine Fertigung aufzubauen,
für einen Markt, dessen Gesetze grundverschieden zu dem des europäischen
Marktes sind, ist eine sich täglich neu stellende Aufgabe."

Nirgendwo auf der Welt sind Hersteller von Kunststoffmaschinen so konzentriert anzutreffen wie in Ningbo, einer Sechs-Millionen-Hafenstadt in der Provinz Zhejiang Sheng, rund 200 Kilometer südlich von Shanghai. Und nirgendwo auf der Welt werden so viele Spritzgießmaschinen verkauft wie in China: Allein in Ningbo produzieren 40 chinesische Anbieter rund 20 Prozent des Weltbedarfs. Seit Mai dieses Jahres engagiert sich auch Mannesmann im Herzen des chinesischen Kunststoffmaschinenbaus: Die Tochtergesellschaft Demag Ergotech aus Schwaig hat mit ihrem deutsch-chinesischen Jointventure Demag Haitian Plastics Machinery Ltd. die Serienfertigung von Spritzgießmaschinen aufgenommen.

Um das weltweit erfolgreiche Konzept der Ergotech-Maschinen in das am stärksten wachsende Segment des chinesischen Markts hineinzutragen und dort als Alternative zu den japanischen und koreanischen Importen zu positionieren, bietet sich die Zusammenarbeit mit einem etablierten örtlichen Partner an. Unter 30 möglichen Kandidaten müssen die Demag-Manager in vielen Gesprächen den richtigen heraussieben: Schließlich heben sie im August 1998 mit der Ningbo Haitian Plastics Machinery Ltd. das Jointventure Demag Haitian Plastics Machinery Ltd. aus der Taufe, an dem Demag Ergotech 60 Prozent und Ningbo Haitian 40 Prozent halten.

Spritzgießmaschinen deutscher Technologie und deutscher Qualität aus chinesischer Produktion – das ist das Konzept für Demag Haitian. Die Maschinen aus Ningbo sind baugleich mit den eingeführten und von Demag Ergotech tausendfach verkauften Maschinen Ergotech compact aus deutscher Produktion. Hydraulische, elektrische und elektronische Systeme der Maschinen stammen aus Deutschland, die mechanischen Komponenten aus China. In Ningbo sorgen chinesische Spezialisten dann für die wirtschaftliche Endmontage aller Baugruppen zur fertigen Maschine. Um die hohe Qualität von den deutschen Standorten der Demag Ergotech auf die neu errichtete Montage in China fachgerecht zu übertragen, sind zwei erfahrene deutsche Produktionsingenieure vor Ort. Alle Maschinen durchlaufen genau wie die Ergotech-Maschinen in Deutschland einen intensiven Probebetrieb und eine umfangreiche Abnahmeprüfung.

In fünf Fertigungsinseln wollen die jungen Mitarbeiter der Demag Haitian Plastics Machinery in den nächsten Jahren 400 Spritzgießmaschinen bauen. In den vergangenen Jahren nahm die Nachfrage nach

Maschinen des mittleren und des Hightech-Segments stark zu, für Demag Haitian beste Chancen zum Erreichen einer guten Marktposition als Anbieter deutscher Technologie und Qualität zu chinesischen Fertigungskosten.

Beim Aufbau eines Vertriebsnetzes in China setzt Demag Haitian vor allem auf die hervorragende Reputation von Ningbo Haitian im Markt. Chen Ming Hua bringt seine Erfahrung als Führungskraft von Ningbo Haitian, beste Kundenkontakte und langjährige Vertriebserfahrung in seine neue Aufgabe als Vertriebsleiter bei Demag Haitian ein. Flächendeckend garantieren 30 freie Vertreter in ganz China die Beratungsleistung rund um die Maschinentechnik für das Spritzgießen. Exklusiv repräsentieren sie die Maschinen von Demag Ergotech und Demag Haitian und weitere 250 Vertriebsmitarbeiter von Ningbo Haitian sollen die Projektliste des jungen Unternehmens weiter verlängern.

Schließlich profitieren auch die deutschen Werke der Demag Ergotech vom Engagement in China. Sind neben den mittelgroßen chinesischen Maschinen kleinere oder größere Typen oder gar Sondermaschinen gefragt, kommen auch die Spritzgießmaschinen aus den beiden deutschen Standorten ins Spiel. Die Maschinen von Demag Haitian sind eben auch ein Türöffner für die europäische Technologie von Demag Ergotech und werden die Marktdurchdringung in China noch weiter erhöhen helfen.

9.9 Querdenken im Konsens – Marketing leben

Es gibt viele Definitionen des Begriffs Marketing. Gebräuchlich ist die Auffassung, Marketing als die aktive Gestaltung der Märkte zu betrachten, als eine Funktion also, die beim Kunden selbst Nachfrage erzeugt.

Auch die Aktivitäten des Marketings sind bekannt: die Kundenbedürfnisse identifizieren, die Vermarktungsstrategie des Produkts festlegen, die effizienteste Methode zur Produkt-Distribution festlegen, den Kunden über die Existenz des Produkts informieren und ihn vom Kauf überzeugen, den Verkaufspreis festsetzen und den Kundendienst sicherstellen.

So weit, so gut. Nur, wenn das Marketing nicht vom gesamten Unternehmen getragen wird, insbesondere wenn die Unternehmensführung nicht in das Marketing investiert und nur halbherzig begleitet, sind das Marketing und die, die es machen wollen, zum Scheitern verurteilt. Es gibt dafür genügend Beispiele – auch in der Geschichte der Mannesmann Demag Kunststofftechnik.

Der Quantensprung in ein höheres Niveau des Marketings unter

Abgabe beträchtlicher Energien in den Markt findet bei Mannesmann Demag Kunststofftechnik zu Beginn der 90er Jahre statt. Nicht zuletzt durch die beiden Geschäftsführer Wolfgang von Schroeter und Helmar Franz, die mit ihrer langjährigen vertrieblichen Verantwortung die Voraussetzungen und das Vertrauen schaffen, das ein erfolgreiches, im Maschinenbau ungewohntes Marketing braucht. Und nicht zuletzt ist der heutige Name des Unternehmens, Demag Ergotech, ein Ergebnis des erfolgreichen Marketings für das namengebende Produkt, die Ergotech-Spritzgießmaschine.

Die Vermarktungsepochen sind schnell definiert, werden von den K-Messen begleitet und sicher auch verursacht:

Ergonomisch in der Leistung – compact im Preis – K '92

Die Demag positioniert sich mit neuer Kompetenz und ergonomischer Technologie auch in einem niedrigeren Preissegment mit stark erhöhtem Marktpotenzial.

Mensch, die Ergotech – K '95

In der Werbung das Zeitalter der Babys, die spielerisch mit der Steuerung umgehen, der Hasen, die in trauter Produktionsvielfalt die Ergotech umhoppeln, die Zebras, die in überdimensionaler Präsenz auf den Messeständen die neue Mehrkomponentenvielfalt verkünden. Der überzeugte Kunde dient zur Referenz, sein Vertrauen stärkt unsere Überzeugungskraft.

Der Erfolg einer Idee – K '98

Die neue Sachlichkeit. Mit steigender Marktdurchdringung steht die Lösung im Vordergrund, Pakete werden definiert und geschnürt, die die modulare Ergotech ergänzen und preiswert neue Anwendungsfälle lösen helfen.

Das Plus an Verantwortung – K '01

Die Zukunft ist Gegenwart. Erlebniswelten führen in Verantwortungsdimensionen, in die Maschinenhersteller sich zuvor nicht wagen wollten. Die Vision wird greifbar – Produktverantwortung ist nur noch Teil einer neuen Dienstleistungskompetenz.

DET-Marketingleiter Gerd Liebig resümiert:

„Die Keimzelle der unternehmerischen Entwicklung von Demag Ergotech ist der Marketingkreis. Ein Arbeitskreis von hoher Effizienz, in dem alle Geschäftsführer, Vertriebsleiter und die technischen Leiter aller Standorte, zum

Teil auch die Geschäftsführer unserer Vertriebsgesellschaften, verantwortlich die Marketingrichtlinien festlegten.

Die Personen, die das Marketing nun aus vollem Engagement und tiefer Überzeugung trugen, waren Helmut Schreiner – als Technischer Leiter in Schwaig immer in der Schusslinie der Vertriebsverantwortlichen – , der mit seinem Team Entwicklungszyklen schaffte, die in der Branche einmalig waren. Die ganze Ergotech – von klein bis fast ganz groß – stand innerhalb von zwei Jahren und wurde in Märkte geliefert, die den weitgehend für diese Anwendungsgebiete unbekannten Anbieter höchst kritisch zur Kenntnis nahmen.

Ebenso Klaus Lehwald, der mit einzigartigem Engagement rund um die Uhr und mit nicht zu brechendem Ehrgeiz die Kleinmaschinen-Interessen im Hause vertrat und gegen alle tradierten Vorstellungen immer wieder mit unaufhörlicher Penetranz den Standort Wiehe und das Kleinmaschinengeschäft zu Gehör brachte. Dass er das Team so früh verlassen musste, ist für das Marketing ein nicht wieder gut zu machender Schaden."

Der Schlüssel ist der Konsens, dieses Unternehmen mit Ideen zu gestalten, den manchmal etwas schwierigen Weg des Kompromisses zu gehen, um die Effizienz erfolgreicher Vertriebsunterstützung und strategischer Marketingarbeit nicht zu gefährden.

Die Ergotech-Produktphilosophie ist ein Beweis dafür, dass aus einer Schwäche Stärke erwachsen kann. Sie ist der erfolgreiche Versuch, gerade die traditionelle Schwäche der Mannesmann Demag Kunststofftechnik bei Maschinen mit kleinen Schließkräften zu beseitigen – und in den Markterfolg eines technisch hochwertigen und profitablen Produkts hoher Akzeptanz zu verwandeln.

Deshalb ist die Ergotech von Anfang an eine modulare Maschine, und sie ist in den sieben Jahren seit ihrer Vorstellung auf der K '92 in einem evolutionären Sinn noch modularer geworden. Sie bewältigt gut 90 Prozent der (wirtschaftlichen) Einsätze von Kunststoff-Spritzgießmaschinen – und das mit drei Platten, vier Holmen, pardon Säulen, vollhydraulischer Schließeinheit bis 110 Tonnen und hydraulisch angetriebenem Kniehebel von 125 bis 2000 Tonnen Schließkraft.

Oberflächlich betrachtet vielleicht keine Technik für Schlagzeilen, erst recht keine Sensation, gleichwohl ein seriöser Beitrag für die Kunststoff verarbeitende Industrie, der es – von einigen eingefleischten Technikfreaks unter den Spritzgießern einmal abgesehen – ziemlich egal ist, ob die Maschine zwei, vier oder gar keine Säulen hat oder ob sie über zwei, zweieinhalb oder drei Platten im Formschluss verfügt.

Im Falle der Ergotech eben ein zuverlässiges Produkt, wirtschaftlich und zuverlässig, just in time and no defect. Damit auch die Beschaffungsinvestitionen für den Kunden so preisgünstig wie möglich ausfallen sollen, werden bei der Ergotech maschinentechnische Experimente zu Gunsten einer risikolosen und bewährten Technologie vermieden.

Und der Markt hat es begriffen, besser: die Spritzgießverarbeiter haben verstanden und honorieren dies durch eine wirklich überwältigende Akzeptanz.

Doch mit ihrer langen Tradition der Herstellung qualitativ hochwertiger Produktionsmittel mit Hightech-Image (nicht nur Image!) behandelt Demag Ergotech die Technik keinesfalls als Stiefkind. Selbstverständlich geht auch bei DET die Entwicklung hin zu moderneren, anspruchsvolleren Maschinen mit Technik state of the art: elektrische Antriebe, hybride Antriebe, superschnelle Maschinen, solche für zwei und drei Komponenten, Adaption neuer Verarbeitungsverfahren, komplexe Fertigungszellen und Automationsprojekte. Doch: Innovation in der Maschinentechnik lohnt nur dann, wenn sie Vorteile in der Verarbeitungspraxis bringt und gleichzeitig die Investitionskosten unserer Kunden senkt.

Man konzentriert sich in Schwaig und Wiehe unspektakulär und wirkungsvoll darauf, den bereits existierenden Baukasten für neue Bedürfnisse, und zwar für fast jeden Bedarf, weiterzuentwickeln und darüber hinaus das Resultat wertanalytisch zu durchforsten.

Und es entsteht ein wirklich preiswerter Baukasten: In Wiehe mit Schließkräften von 25 bis 110 Tonnen, mit Varianten bei Antrieb, lichten Säulenabständen, mit unterschiedlichen Einspritzeinheiten, Schnecken und Zylindern, in Schwaig mit Schließkräften von 125 bis 2000 Tonnen und ebensolchen Varianten. Darüber hinaus das Angebot unterschiedlicher Schließkräfte bei gleichen Säulenabständen sowie standardisierte Zusatz- und Wahlausrüstungen, zirka 200 je Modell. Dass diese Auswahl noch nicht ausreicht für die Erfüllung der einzelnen Kundenanforderungen, also immer wieder Sonderausführungen notwendig werden, spricht für die Kreativität und den Ideenreichtum dieses Industriezweiges.

Das Produkt Ergotech, das Unternehmen Demag Ergotech: Der Produktname wird zum Firmennamen. Der Erfolg des Produkts, der auch ein Erfolg der Mannschaft ist, hat auf Mannesmann motivierend und inspirierend gewirkt, als sie das Unternehmen mit diesem Namen geehrt hat.

1992 wird die Ergotech erstmals auf der Kunststoffmesse in Düsseldorf vorgestellt, eine Spritzgießmaschine, die in Funktion und Anspruch eine Botschaft in den Markt senden will, die auch das Leitmotiv bei der Entwicklung dieser Baureihe ist: Ergonomie, verbunden mit moderner Technik, aber mehr als nur einfache und sichere Bedienbarkeit, vielmehr die Ausdehnung des Ergonomiebegriffs auf das ganze Unternehmen, auf die quasi symbiotische Integration von Mensch und Maschine, Produktion und Umfeld.

Die Geschichte der Namensfindung „Ergotech" im Team, besser in Teams, ist 1992 von zwei Richtungen geprägt, einer vertriebs- und kundenorientierten und einer eher an der Maschinentechnik orientierten: Aus „Ergoject" wurde so zunächst „Ergotec" und dann „Ergotech".

Zum Ergotech-Blau erinnert sich Gerd Liebig:

„Das neue Gesamtkonzept wurde im Juli 1992 der Vertriebsleitung und der Geschäftsführung vorgestellt. Ich teilte mir mit Gerhard Sperber, dem damaligen Marketingleiter, die Präsentation. Während mein marktanalytischer Teil auf wenig Kritik stieß und auch die empirische Herleitung der Ergotech-Philosophie noch wenig Einwände hervorrief, war die Vertriebsführung nicht mehr zu halten, als die neue Maschinenfarbe – ein Hellblau, das gänzlich ohne rote Farbanteile auskommen musste – präsentiert wurde. ‚Das Maß ist voll, kein Kunde wird dieses Badewannenblau bestellen!' Bevor es jedoch zu Handgreiflichkeiten und überschwappenden Wutausbrüchen kommen konnte, ergriff Herr von Schroeter das Wort. Mit ruhiger Stimme und gewohnt flinken Augen bestätigte er das Konzept der neuen ‚Ergotech' und forderte die versammelte Runde zur weiteren Mitarbeit auf. ‚Das Konzept der Ergotech führt uns mit einem neuen, tragfähigen Konzept in die Zukunft.' Wie Recht er hatte."

Die Geschichte des Marketings ist auch die Geschichte der Markennamen. Als erster Hersteller prägten wir Namen wie „rapid", „viva", „EL-EXIS" und „concept".

Noch einmal Gerd Liebig:

„Der Abstimmungsprozess erwies sich als Drahtseilakt zwischen profan vorgetragener Kritik von Vertriebsmitarbeitern und händeringenden Bemühungen nach blitzsauberen Bezeichnungen des Mannesmann-Juristen Dr. Fred Kügler. Da lernte man neu gegründete Konzerne kennen, deren Verantwortliche mit Mannesmann-Vorständen joggten und plötzlich Einspruch gegen die Benennung innovativer Maschinenbaureihen erhoben, und auch die Briten scheinen mit Durchfallmitteln und Montagsautos sehr nah im intellektuellen Dunstkreis unserer Namensgebungsphilosophie zu liegen."

Heute steht Demag Ergotech in der Pflicht dieser damals formulierten Botschaft. Die ursprüngliche Produktphilosophie, die Philosophie der Marke Ergotech bildet weiterhin die Schwerpunkte zukünftiger Entwicklungen: klar und eindeutig die Kundenorientierung.

Also Maschinentechnik nicht als technologischer Selbstzweck, sondern Demag Ergotech als beratender, als „System-Lieferant" für die Herstellung innovativer Teile aus Kunststoff, von innovativen Anwendungen der Spritzgießverarbeitung. Die Maschinentechnik also, modern, effektiv und effizient, im Dienste der Innovation und Wettbewerbsfähigkeit unserer Kunden und deren Kunden – zum gemeinsamen Erfolg.

10 Visionen und Ausblick

10.1 Helmar Franz:
Von der Dienstleistung zur Wertschöpfung

Helmar Franz hat von April 1995 bis März 1999 das Werk Wiehe geleitet und am 1. April 1999 Wolfgang von Schroeter als Sprecher der Geschäftsführung der Demag Ergotech GmbH abgelöst. Er ist seither verantwortlich für das Gesamtunternehmen und setzt die Maßstäbe für das erfolgreiche Unternehmenskonzept der Zukunft.

Das Ausscheiden von Wolfgang von Schroeter aus dem aktiven Berufsleben hat den Wechsel in der Führung erforderlich gemacht – durch die Besetzung mit einem erfolgreichen „Insider" bleibt aber die Kontinuität in der Unternehmensführung und der Produktpolitik gewährleistet. Helmar Franz hat konkrete Vorstellungen und Ziele für den erfolgreichen Schritt ins dritte Jahrtausend – für Demag Ergotech wie auch für die Spritzgießmaschinen im Allgemeinen.

„Natürlich gehört auch das sprichwörtliche Quäntchen Glück dazu, ein Unternehmen erfolgreich zu machen und es auf der Höhe des Erfolgs zu halten. Das war mir bisher immer beschieden, und aus Rückschlägen, die es im Leben immer gibt, haben wir gelernt und sind konsequent unseren Weg weiter gegangen.

Eine der primären Aufgaben beim Einstieg in Wiehe war, das Werk von Russland unabhängig zu machen, weil dort auch heute noch tiefer greifende Veränderungen erforderlich sind, um zu vernünftigen Geschäften zu kommen. In den ersten Jahren nach der Übernahme durch Mannesmann Demag waren Russland-Aufträge allerdings der Rettungsanker für das Thüringer Werk – bis zur Entwicklung und Fertigung der Ergotech-Maschinen in der kleineren Schließkraftklasse. 1995 bauten wir keine einzige Maschine mehr für den russischen Markt. Stattdessen ist es uns gelungen, weit über 1000 Maschinen in 37 Ländern abzusetzen. Von da an haben wir das Produkt Ergotech auf den internationalen Märkten zunehmend etabliert und das Werk in seiner Kapazität und Fähigkeit den sich wandelnden Anforderungen angepasst – gemäß dem Motto: „Man muss sich verändern, so lange man gut ist!"

Was den Stand und die Zukunft des Werkes Wiehe anbelangt, für das ich ja weiterhin die Verantwortung mittrage, bin ich sicher, dass wir mit der Leistung und den Maschinen aus Wiehe international Anerkennung gefunden, unseren Kundenkreis beträchtlich erweitert und auch für die größeren Maschinen aus Schwaig den Markt weiter geöffnet haben. Wer mit einer kleinen Ergotech zufrieden ist, wird bei Bedarf auch eine größere kaufen.

Wir werden unser Augenmerk auf eine gezielte Erweiterung der Produkt-palette und den weiteren Ausbau der Märkte richten: Wir haben zunächst ,Standardmaschinen' für das Gros möglicher Anwendungen entwickelt, sind aber überzeugt, dass unser Potenzial und die Kapazität für dieses Produkt noch nicht ausgeschöpft sind. Realistisches Ziel für Wiehe sind 2000 Ergotechs pro Jahr. Natürlich werden wir auch die Internationalisierung vorantreiben, so zum Beispiel unsere Aktivitäten in China für Asien zum Erfolg führen, wo wir mit der Demag Haitian Plastics Machinery Ltd., Ningbo/VR China, einem Ge-meinschaftsunternehmen von Demag Ergotech GmbH und Ningbo Haitian Corporation Ltd., Ergotech-Spritzgießmaschinen für den chinesischen und asiatischen Markt herstellen werden. Im zweiten Halbjahr 1999 haben wir mit der Produktion begonnen und im Jahr 2000 planen wir die Fertigung von 200 Maschinen aus unserem Werk in China."

Die Zukunft des Spritzgießens kann im Grunde nur positiv beurteilt werden, auch weil die Substitution anderer Werkstoffe durch die Poly-mere noch längst nicht abgeschlossen ist. Zu beachten ist aber auch, dass die Integration neuer Rohstoffe für die Verarbeitung im Spritzgieß-prozess eine optimale Alternative sein kann und neue Potenziale öffnen wird. Wir denken da an Metalle und nachwachsende Rohstoffe.

Unter allen Verarbeitungsverfahren für Kunststoffe bietet die Spritz-gießtechnik das höchste Integrationspotenzial und die größten Zu-kunftsperspektiven. Die umfassende Kenntnis des Grundverfahrens in all seinen Facetten und die fast beliebig mögliche Kombination von Sonderverfahren kann heute so gut wie jede Anforderung an Form, Oberfläche und Funktion einer modernen Baugruppe erfüllen. Die Spritzgießtechnik ist inzwischen der technologische Motor für die Ent-wicklung der gesamten Kunststoffverarbeitung, in logischer Konse-quenz haben sich Spritzgießmaschinen zum Kerngeschäft des europäi-schen Kunststoffmaschinenbaus entwickelt.

Der Spritzgießmaschinenbau als Ganzes braucht sich um seine Zu-kunft also eigentlich nicht zu sorgen. Dennoch sind alle Hersteller auf zusätzliches Absatzpotenzial für ihre Maschinen angewiesen, um den Marktanteil zu halten – besser natürlich auszubauen. Dazu später mehr.

Die Spritzgießtechnik bleibt weiter der Motor der Kunststoffverar-beitung. Kunststoffe – synthetische Polymere – haben als Thermoplaste, Elastomere, Duromere und Kunstfasern die Industriegeschichte des 20. Jahrhunderts nicht nur erheblich beeinflusst, sondern sogar mitgeprägt. Die Technologien zu ihrer Herstellung und Verarbeitung haben sich in den letzten Jahren sehr dynamisch entwickelt. Polymere, das Know-how zu ihrer Verarbeitung und daraus hergestellte Produkte sind heute in fast allen Ländern der Welt verfügbar.

Dünnwandteile wie Mobiltelefone, hinterspritzte Folien oder Textilien wie Automobil-Innenverkleidungen, Präzisionsteile aus dem Reinraum für die Medizintechnik, optische Datenträger wie CDs und DVDs, Mehrkomponententeile wie Hart/Weich-Kombinationen aus Thermoplast und/oder LSR sowie durch Umspritzen von Metall hergestellte Hybridteile oder spritzgegossene Schaltungsträger (MID) für Elektrotechnik und Elektronik zeugen von den vielfältigen Möglichkeiten der Kunststoff-Spritzgießtechnik, die erst ansatzweise überschaubar und in der Praxis bisher nur zum Teil ausgeschöpft sind.

Die beim Spritzgießen von Kunststoffen gewonnene Verfahrenskenntnis bietet zudem die Grundlage für die Übertragung auf das Spritzgießen anderer Werkstoffe. Das Spritzgießen von Magnesium („Thixomolding"), Pulvermetall („MIM") und Keramikpulvern („CIM") steckt im Vergleich zu den Kunststoffen noch in den Kinderschuhen, diese Verfahren besitzen aber zusätzliches Potenzial für die Spritzgießtechnik insgesamt.

Global betrachtet, wird die Kunststoffbranche im 21. Jahrhundert sicher wachsen, aber wohl nicht mehr so dynamisch, wie es ihr in der zweiten Hälfte des 20. Jahrhunderts vergönnt war. Neue Kunststoffe und alternative Rohstoffe zu erforschen, prozessfähig verarbeitbar zu machen und im Markt zu etablieren, ist heute finanziell aufwendiger denn je. Die vor wenigen Jahren entwickelten Metallocen-Polyolefine mit ihrem hoch gepriesenen Eigenschaftsprofil führen heute zur Ernüchterung bei ihren Herstellern, weil die vom Markt aufgenommenen Mengen weit hinter den Erwartungen zurückbleiben. Andererseits lassen sich die Anforderungen von immer mehr Bauteilen mit preiswerteren, aber spezifisch modifizierten Standard-Kunststoffen statt mit teureren technischen Kunststoffen erfüllen. Wenngleich wir alternativen Werkstoffen gegenüber sehr aufgeschlossen bleiben sollten, werden wir aller Voraussicht nach auch das 21. Jahrhundert im Wesentlichen mit den Polymeren des 20. bestreiten.

Während die Spritzgießverfahrenstechnik in den letzten Jahren immer neue Anwendungsgebiete erschlossen hat, sind Änderungen an den Konzepten für die eingesetzte Maschinentechnik vergleichsweise wenig spektakulär geblieben. Die Abstimmung von ausgefeilten Werkzeugen mit den technischen Features einer Maschine wie Effizienz der Antriebe, Präzision der Bewegungen, Homogenität der Plastifizierung und Reproduzierbarkeit der Zyklen bestimmen die Qualität der produzierten Spritzgussteile sowie die Wirtschaftlichkeit des Prozesses. Die Erfüllung dieser zentralen technischen Forderungen ist – in Zukunft mehr denn je – die Eintrittskarte, um als Spritzgießmaschinen-Hersteller bei technisch anspruchsvollen und wirtschaftlich rentablen Projekten mitmischen zu können.

Neben der technologischen Weiterentwicklung der Maschinen und Verfahren steht die Erschließung neuer Absatzmärkte im Ausland auf der Tagesordnung. Es zeichnen sich für Kunststoffe und Kautschuke in allen Märkten der Welt langfristig gute Wachstumsperspektiven ab. Die Investitionen der Rohstofferzeuger in aufstrebenden Regionen belegen, dass diese Märkte ihren im Vergleich zu den „alten" Kontinenten geringen Kunststoffverbrauch erheblich steigern werden.

Die weltumspannend tätigen Kunststoffanwender und Kunststoffverarbeiter verlangen global einheitliche Standards bei den eingesetzten polymeren Rohstoffen. Genau so, wie die Rohstofferzeuger diese – lokal produziert – verfügbar machen, so müssen auch die europäischen Maschinenbauer mit ihrer Technologie vor Ort bereitstehen. Der hohe Qualitätsstandard bei der Maschinen- und Verfahrenstechnik hat unseren Spritzgießmaschinen bereits gute Akzeptanz in etablierten Exportländern und den Emerging Markets beschert. Dennoch sind wir mit aus Deutschland dorthin gelieferten Maschinen häufig nicht wettbewerbsfähig. Daher ist es das Ziel von Demag Ergotech, in wichtigen Exportregionen gemeinsam mit lokalen Partnern Produktionsstätten für Maschinen deutschen Qualitätsniveaus zu wettbewerbsfähigen Preisen aufzubauen. In China haben wir 1998 mit einem Mehrheits-Jointventure dafür den Grundstein gelegt. Die positiven Erfahrungen dort lassen solche Aktivitäten auch in anderen Regionen denkbar erscheinen.

Der Markt für Spritzgießmaschinen hat sich in den letzten zwei Jahrzehnten vom Anbietermarkt zum Käufermarkt gewandelt: Die Maschinen werden nicht mehr „verteilt", sie werden in einem harten, internationalen Wettbewerb verkauft. Welche Markttrends steuern heute die Nachfrage nach Spritzgießmaschinen?

Die Produktlebensdauer von Kunststoffteilen ist in den vergangenen Jahren stetig gesunken. Die Bedürfnisse der Endabnehmer sind heute vielfältiger und kurzlebiger. Haptik und Design bestimmen mehr und mehr die Marktfähigkeit eines Produkts und damit auch die Anforderungen an Spritzgussteil und Spritzgießmaschine.

Gleichzeitig wird der Maschinenhersteller immer stärker in eine Systemanbieterschaft einbezogen. Komplettlösungen, auch in Form von Fertigungszellen, sind immer häufiger gefragt. Seit 1992 stieg der Anteil der Spritzgießbetriebe, die Robotgeräte verwenden, von 62 auf nun 70 Prozent. Standardisierte Einzel- oder Komplettlösungen vom Automatisierungs- oder Maschinenhersteller deckten 1992 noch 78 Prozent der Automatisierungsaufgaben ab, heute sind es bereits 90 Prozent.

Zudem spielt der Service in der Kaufentscheidung eine immer wichtigere Rolle. Wenn es letztendlich um die konkrete Entscheidung für eine Maschine geht, sind die Serviceaktivitäten ihres Herstellers mit drei von vier der wichtigsten Gründe ausschlaggebend für die Wahl der Marke. Neben dem Preis/Leistungs-Verhältnis wählt zumindest der deutsche Spritzgießer seinen Zulieferer verstärkt nach den Kriterien „schnelle Verfügbarkeit der Ersatzteile", „gut funktionierender Kundendienst" und „fachkundige Servicemitarbeiter" aus. Gerade die Kompetenz des Servicemitarbeiters hat unter diesen vier Kriterien während der letzten Jahre am stärksten an Bedeutung gewonnen.

„Die eigentliche Innovation findet durch die Verfahren bei unseren Kunden statt, die sich immer weiter spezialisieren werden. Das zwingt den Spritzgießmaschinen-Hersteller – und damit sind wir bei der zukünftigen Rolle der Demag Ergotech im Speziellen –, noch mehr Verfahrenskompetenz zu erwerben. Denn ich glaube, dass künftig zunehmend weniger Kunden in der Lage oder auch bereit sein werden, ihre Maschine zu spezifizieren. Sie werden sich mehr auf ihr Produkt konzentrieren und dazu unsere anwendungstechnische Kompetenz einfordern – also nicht mehr länger eigene Kapazitäten dafür vorhalten wollen.

Je mehr also bekannte oder anwendungsspezifisch modifizierte Polymere das geforderte Eigenschaftsprofil eines Kunststoffbauteils erfüllen können, desto eher entscheidet sich Erfolg oder Misserfolg eines Projekts durch die Intelligenz der Bauteilauslegung, Effizienz und Zuverlässigkeit der Verarbeitungstechnik sowie Unterstützung und Service des Systemverantwortlichen. Daher legt Demag Ergotech großen Wert auf verfahrenstechnische Flexibilität und Vielfalt im Maschinenprogramm. Auch in Zukunft wird solide Maschinentechnik die Basis für unser Geschäft sein, wenngleich schon heute unser Dienstleistungsangebot erheblich an Bedeutung gewinnt. Mehr denn je werden neben dem reinen Maschinenbau die anwendungstechnische Hilfestellung, die Projektierungsleistung und die Systemverantwortung, verschiedene Formen der Finanzierungsunterstützung, die Ferndiagnose und nicht zuletzt die Schulung und Einweisung des Bedienpersonals zu unseren Schlüsselaufgaben zählen."

Darüber hinaus wird der Spritzgießmaschinen-Hersteller das Problem zu lösen haben, dass die Spritzgießmaschine auf Grund ihrer Fertigungsqualität rund zwölf Jahre im Erstbesitz verweilt, das darauf zu fertigende Produkt aber einem schnelleren Lebenszyklus unterliegt und die dafür spezifizierte Maschine dann auf ein neues Formteil umgestellt werden muss. Dem begegnet man im Moment mit hoher Modularität der Maschine, aber auch hier werden andere Lösungen notwendig werden, die den Verarbeiter entlasten. Zum Beispiel das „pay-per-stroke", die Bezahlung je Schuss, wie dies vergleichbar schon bei Computernetzwerken gehandhabt wird. Was auch bedeutet, dass der Kunde erwartet, nach einem bestimmten Zeitraum die neueste Technologie zu einem angemessenen Systempreis zur Verfügung gestellt zu bekommen.

Der Verarbeiter wird also nicht mehr Maschinen, sondern Konzepte, Produktivität und Energieverbrauch vergleichen. Dies setzt ein hohes Maß an gegenseitigem Vertrauen voraus, wird andererseits aber zu einer höheren Kunden-Lieferanten-Bindung führen.

Im Business-to-business-Geschäft hat die eigentliche Dienstleistung noch einen erheblich geringeren Stellenwert als in anderen Branchen. Die Hersteller von Spritzgießmaschinen werden zukünftig verstärkt Dienstleistungen anbieten, um Trends des Markts zu folgen, individuelle, branchenbezogene Bedürfnisse zu befriedigen und zumindest teilweise die Verantwortung für das letztendlich zu fertigende Spritzgussteil zu übernehmen.

Der gesamte Nutzen, den eine Spritzgießmaschine dem Kunden bringt, geht in immer geringerem Umfang allein von der Maschinentechnik aus. Das heißt nicht, dass Leistungsfähigkeit und Präzision einer Spritzgießmaschine heute weniger bedeutsam sind, vielmehr werden sie meist einfach vorausgesetzt. Zuverlässigkeit und Reproduziergenauigkeit von Mechanik, Elektrik und Hydraulik sind Kaufentscheidungskriterien, die heute als selbstverständlich erfüllt gelten. Vielmehr treten mit anwendungstechnischer Unterstützung, Projektierungsleistung, Service, Ersatzteilhaltung und Finanzierung Aspekte und Argumente in den Vordergrund der Investitionsentscheidung, die weniger maschinentechnischer Art sind. Dies verlangt vom (deutschen) Spritzgießmaschinenbauer ein stärkeres Denken in Richtung Dienstleistung und Kundenzufriedenheit.

Lothar Späth hat kürzlich in einem kräftig überzeichnenden Kommentar einige Bemerkungen zum deutschen Maschinenbau gemacht. Er schrieb: „Der deutsche Unternehmer ist produktbezogen, und im Mittelpunkt steht immer der deutsche Ingenieur. Und der mag seine Kunden nicht, weil für den Ingenieur immer der ein Trottel ist, der etwas anderes will, als er für ihn vorgesehen hat. Wenn der Ingenieur vom Kunden zurückkommt, sagt er: ,Dem verkaufe ich nichts. Vier Dinge habe ich dem genannt, die er mit der Maschine auch noch machen könnte. Und der hat gesagt, das will er nicht. Was soll ich mit so einem Kunden anfangen?' Der amerikanische Ingenieur kommt vom Kunden zurück und sagt: ,Der Kunde will den totalen Schwachsinn: Aber er ist zahlungsfähig, also bauen wir ihm, was er will.'"

Der Kauf einer Spritzgießmaschine ist ein stark traditionelles Geschäft. Der Erwerb einer bewährten Maschine ist für den Verarbeiter eine erhebliche Investition. Die Maschinenaufstellung, die Einbindung in die Peripherie, das Optimieren des Werkzeugs und das optimale Beherrschen der Maschine durch die Mitarbeiter stellen in der Regel eine nicht ähnlich große Investition dar. Die Schnittstellen zur Spritzgießmaschine im Prozess der Fertigung eines Kunststoffteils sind eher gewachsen. Das Werkzeug ist mittlerweile die zentrale Komponente im Fertigungsprozess.

Der Hersteller kommt zusehends in die Verantwortung, veränderte Auslastungssituationen und Unsicherheiten in der zukünftigen Auslastung seines Produktionsbetriebes in das Angebot einzubeziehen. Traditionell wird bei zwei Dritteln aller Käufe von Spritzgießmaschinen die Altanlage stillgelegt oder veräußert. Stark gestiegen sind jedoch die Vermittlung und die Übernahme von Leasing und Mietkauf durch den Maschinenhersteller. Nutzte vor sieben Jahren nur jeder zweite Spritzgießverarbeiter Finanzierungsmöglichkeiten, beträgt der Anteil der Verarbeiter, die Leasing oder Mietkauf nutzen, heute schon drei Viertel. Dabei ist ein weiterer Trend zu beobachten. Auf der einen Seite minimiert der Verarbeiter durch Finanzierung und Leasing sein Risiko, auf der anderen Seite bedeutet die Beherrschung eines Prozesses auch eine durchaus emotionale Bindung an seine Maschine. Das mag der Leser belächeln – die Lösung eines komplexen Fertigungsproblems ist sicher durchaus emotional. Der Stolz auf die Lösung, die Freude über die Formteilqualität ist eine klar emotionale Sache.

Emotionalität ist keine Verschwendung. Mit dem Gebrauch der Emotionalität werden keine Ressourcen verschleudert, sondern Zusatznutzen vermittelt. Emotionalität kann Vertrauen transportieren, um die gemeinsame Problemlösung zu fördern. In Verbindung mit modernen Dienstleistungsansätzen kann eine neue Form der Zusammenarbeit entstehen, die den Prozess der Wertschöpfung des Kunststoffteils neu definiert und verteilt. Dabei steht immer die ganzheitliche Wahrnehmung des angebotenen Nutzens und der Leistung im Vordergrund.

Der hier beschriebene Prozess und die genannten Beispiele zeigen Möglichkeiten und Entwicklungsansätze vom Produkt Spritzgießmaschinen zur produktorientierten Dienstleistung – Spritzgießmaschine mit Anwendungsberatung – zur nutzenorientierten Dienstleistung, in der der durch das Produkt vermittelte Nutzen die zentrale Bedeutung für den Käufer hat.

Der Kunde nimmt dabei den Maschinenhersteller durchaus differenziert in seinem Produkt- und Dienstleistungsspektrum wahr. In einem Portfolio aus Maschinenzuverlässigkeit und Dienstleistungen (Beratung und After-Sales) ist klar zu erkennen, dass die Maschinenhersteller ihre

Dienstleistungsaktivitäten im Zeitablauf verstärkt haben – Hersteller mit einer guten Maschinenperformance machen dies noch konsequenter und einheitlicher.

Rein technische Kaufentscheidungskriterien gehen in ihrer Bedeutung zurück, die Dienstleistungsangebote spielen eine immer wichtigere Rolle im Kaufentscheidungsprozess und beeinflussen immer stärker auch das Bild einer Marke.

„Diese Möglichkeiten sind risiko- und chancenreich und stellen für den Spritzgießmaschinenhersteller eine grundlegende Veränderung in seinem Markt- und Kundenverständnis dar. Dieser großen Herausforderung stellt sich Demag Ergotech und wird sich auch weiter stellen, um ihr ergonomisch geprägtes Produkt, ihre weltweite Präsenz und die vielfältige Anwendungserfahrung zu bündeln, um es mit teils schon praktizierten und teils nur theoretisch vorstellbaren innovativen Dienstleistungsstrukturen zu verbinden."

Die Erweiterung des Angebotsspektrums eines Maschinenbauers um Dienstleistungen muss sich auch im Verlauf einer Kaufentscheidung für den Kunden sichtbar abbilden.

In der ersten Phase einer Kaufentscheidung – der Angebotserstellung – nimmt der Interessent den Spritzgießmaschinenbauer als potenziellen Anbieter und möglichen Problemlöser wahr. Das Produkt des Maschinenherstellers wird durch verschiedene Baureihen, ihre Modularität und ihre anwendungsspezifischen Ausstattungspakete gekennzeichnet. Als Dienstleistungen sind Beratung, Projektierungssicherheit, Schulung und Finanzierung von besonderem Interesse.

„In der zweiten Phase – der Inbetriebnahme – wird Demag Ergotech als Lieferant wahrgenommen, der sein qualitativ hochwertiges Produkt zügig, termintreu und vollständig anliefert, Aufstellsicherheit gewährleistet und intensive Schulungen vornimmt.

In der letzten Phase – dem Betrieb – wird Demag Ergotech als Garant für Serviceleistungen und in der Gesamtverantwortung für den Prozess gesehen. Während die Produktbezogenheit nur noch durch Ersatzteillieferungen wahrgenommen wird, spielt der Dienstleistungsbereich jetzt die deutlich wichtigste Rolle. Dabei sind die Gewährleistung von Anwendungssicherheit, die Ferndiagnose, die Retrofitpolitik und der Gebrauchtmaschinenhandel entscheidende Merkmale."

Natürlich darf über die Entwicklung eines umfangreichen Angebots an anwendungstechnischer Hilfestellung, Projektierung, Finanzierungsdienstleistung und Service die technische Weiterentwicklung des Produkts Spritzgießmaschine nicht vernachlässigt werden.

Über eine konsequente Strukturierung der Dienstleistungsmöglichkeiten, deren Bewertung zur Einbeziehung in ein schlüssiges Portfolio, das Produkt- und Dienstleistungselemente beinhaltet, erfolgt, wird letztendlich ein neues Dachmarkenkonzept begründet, das die Vielfalt an Produkt- und Dienstleistungselementen in ein klares, differenziertes Markenbild bringen muss, um beim Spritzgießverarbeiter ein unverwechselbares Markenimage zu hinterlassen. Klare, differenzierbare Elemente in diesem Markenbild werden durch ein eindeutiges Markenprofil geprägt, das mit wenigen, klaren Aussagen die Homogenität der einzelnen funktionalen Elemente beweist, ausdrückt und so klar vermittelt, dass es eine emotionale Bindung zum Verarbeiter begründen kann.

Neben der unabdingbaren Technologieführerschaft muss der Spritzgießmaschinenbauer möglichst umfassende Dienstleistungen anbieten. Gleichzeitig muss er alle Möglichkeiten der Kommunikation mit seinem Kunden und dem Endabnehmer der Spritzgießprodukte nutzen, um die Bedürfnisse beider möglichst früh zu erkennen und zu verstehen.

„Die Führungsposition bei Maschinen- und Verfahrenstechnologie, kombiniert mit umfassenden Dienstleistungen und intensiver Kundenkommunikation, sichert unsere Stellung als umfassender Wertschöpfungspartner im Markt und legt den Grundstein für das Wachstum von Demag Ergotech auch im 21. Jahrhundert. Daher begehen wir den Jahrtausendwechsel mit Stolz und Freude über das Erreichte und mit Zuversicht und Optimismus für das Kommende."

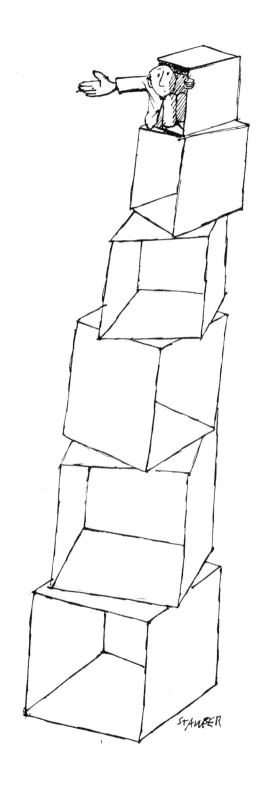

10.2 Der Millennium-Spritzgieß-Kasten

Tendenzen & Konsequenzen für den Spritzgießmaschinen-Hersteller im neuen Jahrtausend

Tendenzen

1. Die Konsolidierung im verarbeitenden Gewerbe hat auch die Spritzgießer erfasst. Viele unserer großen Kunden müssen akquirieren oder Allianzen suchen, um sich eine Basis für den globalisierten Markt zu schaffen.
2. Die Konzentration auf Kernkompetenzen führt auch bei Spritzgießern zu veränderten Firmenstrukturen. Immer öfter lagern sie Eigenleistungen aus und vertrauen sie uns – ihrem Maschinenlieferanten – an.
3. Viele Spritzgießverarbeiter reduzieren die Anzahl ihrer Lieferanten und fordern zugleich ein breiteres Leistungsspektrum.

Wir Maschinenbauer müssen unser Produktprogramm und Leistungsangebot erweitern.

4. Wegen des harten, globalisierten Wettbewerbs ist für den Spritzgießer seine eigene preisliche Wettbewerbsfähigkeit wichtig. Schnelle Lieferfähigkeit, flexible Anpassung an den Markt und Qualität sind für unsere Kunden entscheidend.

Wir Maschinenbauer brauchen deshalb ein straffes Kostenmanagement. Unsere Maschinen müssen hoch verfügbar und flexibel sein. Die Anforderungen an die Qualitätssicherung bei der Maschine werden immer höher.

5. Viele Kunststoffverarbeiter werden von ihren Hausbanken nicht kompetent betreut. Die Banken begleiten nur ungern die Investitionstätigkeit eines Mittelständlers, viel lieber verwalten sie sein Vermögen.

Wir Maschinenbauer müssen unseren Kunden helfen, die Finanzierung unserer Maschine „schmerzfrei" bewältigen zu können.

Konsequenzen

1. Wir werden unsere Kunden auf ihrem Weg in den Wettbewerb des globalen Markts begleiten und unterstützen.
2. ... mehr Service- und Dienstleistungen erbringen, damit sich unsere Kunden besser auf ihre Kernkompetenzen konzentrieren können.
3. ... unser Produktprogramm und Leistungsangebot erweitern, um bei einer Verringerung der Lieferantenzahl im Geschäft zu bleiben.
4. ... unserem Kunden helfen, preislich wettbewerbsfähig und auf qualitativ hohem Niveau schnell lieferfähig zu bleiben.
5. ... unseren Kunden die Investition weitestmöglich erleichtern, indem wir zusammen mit unseren Maschinen auch maßgeschneiderte Finanzierungen anbieten.

TPA 90/TPA 200:
„Am Anfang war der Kolben – ANKER TPA 90, TPA 200
(Ankerwerk Gebr. Goller, Nürnberg, 1950)"

KuASY:
„Ein E-Motor für alle Bewegungen – KuAS 1,6 x 2
(VEB Plastmaschinenwerk Wiehe, 1966)

DAC I/II:
„Programmierung über Lochstreifen und Digitalhydraulik – DAC 16-50 I/II
(Demag Kunststofftechnik GmbH, Nürnberg 1971/73)"

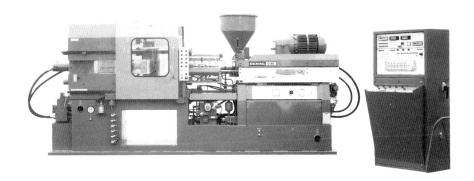

D 80:
„Integration aller Marken – D-Maschinenreihe, hier D 80 mit NCI-Steuerung
(Demag Kunststofftechnik, Nürnberg, 1975)"

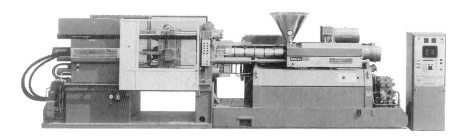

D 320 NC II:
„Erstmals per Bildschirm gesteuert – D 320 mit NCII-Bildschirmsteuerung
(Mannesmann Demag Kunststofftechnik, 1979)"

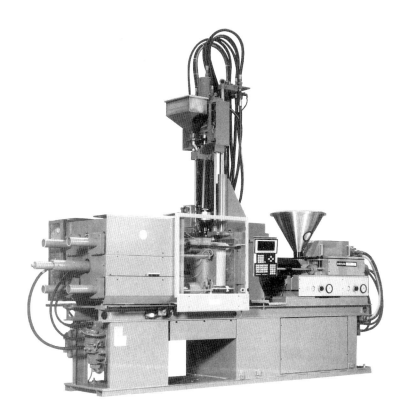

DZ 85:
„Zweifarben-Spritzgießen via Terminal – DZ 85 mit vertikaler Spritzeinheit
und intelligentem NCIII-Bedienterminal
(Mannesmann Demag Kunststofftechnik, ZN der Demag AG, 1988)"

ET 80-130 system:
„Ein völlig neues Maschinen- und Fertigungskonzept – die Kleinen aus Wiehe, hier
Ergotech 80-310 mit Steuerung NC 4
(Mannesmann Demag Kunststofftechnik Wiehe GmbH, 1992)"

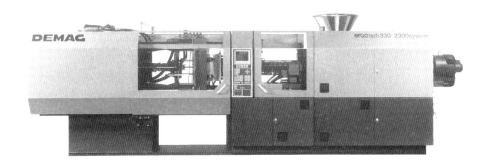

ET 330-2300 system:
„Nach gleichem Muster – die Großen aus Schwaig, hier Ergotech 330-2300 mit
Steuerung NC 4
(Mannesmann Demag Kunststofftechnik GmbH, Schwaig 1994)"

Demag Ergotech Kulturfahrplan

Jahr	Kunststofftechnik	Politik	Wirtschaft, tägliches Leben, Sport	Wissenschaft, Technik, Kultur
1891	Hans Goller eröffnet eine mechanische Werkstätte (elektrische Apparate, Beleuchtungsanlagen)	Zeitalter des Imperialismus hat begonnen Heftige Diskussion um Bismarcks Entlassung Dreibund Deutschland, Österreich-Ungarn, Italien erneuert Deutschland tritt dem österreichisch-rumänischen Beistandspakt gegen Russland bei † Helmuth von Moltke, preußischer Feldherr Ende der Indianerkriege in den USA	Bau der Transsibirischen Eisenbahn beginnt Schwefelsäureerzeugung in Deutschland: 500000 Tonnen Reichsgesetz regelt Sonntagsruhe Elf Stunden maximale Arbeitszeit für Fabrikarbeiterinnen über 16 Jahre in Deutschland Der Schnürschuh beherrscht die Männermode	Die Farbfotografie wird erfunden Daimler baut Lastkraftwagen Erste Segelflüge Lilienthals Hochspannungstransformator von Tesla mit über einer Million Volt Oscar Wilde: „Das Bildnis des Dorian Gray" Henri de Toulouse-Lautrec begründet mit den Bildern der Tänzerinnen La Goulue und Jane Avril die Plakatkunst des 20. Jahrhunderts Tschaikowsky: „Nußknacker-Suite" * Otto Dix, Maler (Realist)
1911	R. Escales prägt das Wort „Kunststoffe" und gründet die gleichnamige Zeitschrift	Eigene Verfassung für das Elsass 40 Jahre Deutsches Kaiserreich Revolution und Sturz der Monarchie in China, Tschiang Kai-schek ist militärischer Mitarbeiter des Führers Sun Yat-sen Winston Churchill tritt als Marineminister zurück * Bruno Kreisky, österreichischer Bundeskanzler; Ronald Reagan, 40. US-Präsident	BASF beschließt Geländekauf für Ammoniakwerk in Oppau am Rhein Streiks im belgischen Kohlerevier Wochenlange Hitzewelle in Deutschland Erstes Verbot des Seerobbenfangs Roald Amundsen erreicht vor Robert Scott als erster Mensch den Südpol 100 Jahre Turnvater Jahn Einführung der 45-Minuten-Stunde an höheren Schulen Preußens	Tiefdruckverfahren erstmals eingesetzt (Frankfurter Zeitung) Elbtunnel in Hamburg eröffnet Zweiter Nobelpreis für Marie Curie Leonardo da Vincis „Mona Lisa" aus dem Louvre gestohlen Uraufführung von Gerhart Hauptmanns „Die Ratten" † Konrad Duden, Philologe; Gustav Mahler, österreichischer Komponist und Dirigent; Joseph Pulitzer, US-Verleger
1922	Hermann Staudinger begründet die Makromolekularchemie und schafft damit die Grundlagen der Kunststoffindustrie	Mussolini ergreift mit dem „Marsch auf Rom" die Macht in Italien Deutschlandlied wird Nationalhymne	Lancia baut erstes Auto mit selbst tragender Karosserie (Lambda) Großherstellung von Methylalkohol aus Wassergas	Fernheizwerk für 24 Gebäude in Hamburg Auslandsabteilung des Deutschen Normenausschusses

1922	Ankerwerk Gebr. Goller Nürnberg (OHG): Stromerzeuger, E-Motoren, Galvanomaschinen, Umformer, Elektrogebläse; später auch Farbmühlen, Motorgetriebe, Einzelantriebe	Gründung der UdSSR mit Moskau als Hauptstadt Walter Rathenau wird von Nationalisten ermordet. Dr. Wilhelm Cuno wird Reichskanzler Adolf Hitler wird wegen Landfriedensbruchs kurzzeitig eingesperrt † Reinhardt Mannesmann, Industrieller	Ernst-Heinkel-Flugzeugwerke Warnemünde L.F. Richardson: „Wettervorhersage durch numerischen Prozess" A. Hoffmann: „Die Konzentrationsbewegung in der deutschen Industrie" HSV wird Deutscher Fußballmeister	Neuer Papst Pius XI. Howard Carter findet im Tal der Könige das Grab Tutenchamuns Erster Film mit voll synchronisierter Tonspur wird gedreht Hermann Hesse: „Siddhartha" Fritz Lang: „Dr. Mabuse, der Spieler" † Alexander G. Bell, US-Erfinder (Telefon); Reinhardt Mannesmann, Großindustrieller; Wilhelm Voigt, Schuhmacher und „Hauptmann von Köpenick"
1926	Erste serienmäßige Herstellung einer horizontalen Spritzgießmaschine durch Eckert & Ziegler, Nürnberg	Britische und belgische Besatzungstruppen verlassen Köln (Oberbürgermeister ist Konrad Adenauer) Deutschland wird in den Völkerbund aufgenommen Die Außenminister Frankreichs und Deutschlands, Aristide Briand und Gustav Stresemann, erhalten Friedensnobelpreis * Elisabeth II., Königin von Großbritannien, Claus von Arnsberg, Prinz der Niederlande	Deutsche Lufthansa AG gegründet, 120 Flugzeuge fliegen täglich 75 Flughäfen an, 15 davon im Ausland IG Farben größter deutscher Konzern, Aktienkapital 1,1 Milliarden Mark Modetanz ist der Charleston Max Schmeling (21) wird deutscher Halbschwergewichtsmeister im Boxen; Rudolf Caracciola siegt beim Großen Preis von Deutschland auf der Berliner Avus; deutsche Fußball-Nationalmannschaft siegt mit 3:2 über Holland	Erste TV-Vorführung in London Einweihung des neuen Bauhauses in Dessau durch Walter Gropius In Deutschland sind 218000 Kfz zugelassen, auf 289 Einwohner kommt ein Kfz * Marilyn Monroe, US-Filmstar † Claude Monet, französischer Maler des Impressionismus; Rainer Maria Rilke, österreichischer Dichter; Rudolph Valentino, US-Stummfilmstar und Sexsymbol
1932	Erste automatische horizontale Spritzgießmaschinen (Isoma-Reihe) der Franz Braun AG, Zerbst (Sachsen-Anhalt)	Paul von Hindenburg als Reichspräsident wieder gewählt, Hitler noch erfolglos, wird Deutscher Kabinett Brüning tritt zurück, Hindenburg ernennt Franz von Papen zum Reichskanzler Bei vorgezogenen Neuwahlen zum	Großhandelsindex in Deutschland auf den Stand von 1913 gesunken Die Arbeitslosenzahl steigt im Februar auf über sechs Millionen Erste Autobahn zwischen Köln und Bonn für den Verkehr freigegeben Weltrekord: C.W.A. Scott fliegt in	Karl Jansky entdeckt, dass aus dem Weltall Radiowellen auf die Erde kommen Positron und Neutron werden entdeckt Agfa stellt ersten Farbdiapositivfilm für Kleinbildkameras vor

	Reichstag wird die NSDAP stärkste Partei Franklin Delano Roosevelt neuer Präsident der USA * Jacques R. Chirac, französischer Politiker † André Maginot, französischer Politiker; Aristide Briand, französischer Politiker	acht Tagen, 20 Stunden und 44 Minuten von England nach Australien Bei den Olympischen Sommerspielen in Los Angeles stehen die Sieger erstmals auf dem „Treppchen" † George Eastman, US-Erfinder und Industrieller (Kodak); King Camp Gillette, US-Erfinder (Rasierklinge) und -Industrieller	Die „Normandie" ist größter Ozeandampfer der Welt mit 75000 BRT Pablo Picasso: „Frau mit Blume", „Schlafende Frau" † Edgar Wallace, englischer Kriminalschriftsteller
1938	Vorläufer der Schnecken-Spritzgießmaschine mit einer den Spritzkolben umhüllenden Plastifizier-/Förderschnecke durch Eckert & Ziegler, Köln In Amerika kommt Nylon auf den Markt, in Deutschland wird Perlon erfunden	Anschluss Österreichs, Münchner Abkommen über Abtretung des Sudetenlandes Einmarsch in die Tschechoslowakei Pogromnacht Nordirland schließt Freundschaftsvertrag mit Großbritannien * Beatrix, Königin der Niederlande † Kemal Atatürk, türkischer Staatsmann	40-Stunden-Woche in USA 6094 Aktiengesellschaften in Deutschland mit 18,7 Milliarden Reichsmark Grundsteinlegung für das Volkswagenwerk in Wolfsburg Neue Regeln im Straßenverkehr, wie Rechtsfahrgebot Italien wird Fußballweltmeister Die Eiger-Nordwand wird bezwungen Erster Non-Stop-Passagierflug Berlin – New York in knapp 25 Stunden In Glasgow läuft die „Queen Elizabeth" vom Stapel Joe Louis schlägt Max Schmeling in der 1. Runde k.o.	Erster Bericht über Kernspaltung Konrad Zuse stellt die binäre Rechenmaschine Z1 fertig Die Brüder Biro erfinden den Kugelschreiber Leni Riefenstahl: „Fest der Völker" (Olympische Spiele 1936) Orson Welles: „Krieg der Welten" verursacht Massenhysterie in USA * Claudia Cardinale, italienische Filmschauspielerin † Ernst Ludwig Kirchner, Maler des Expressionismus („Brücke"); Carl von Ossietzky, Publizist, durfte Friedensnobelpreis 1936 nicht annehmen
1939	Hans Goller übergibt das Werk an seinen ältesten Sohn, Herbert Goller, und seinen Schwiegersohn, Norbert Chatelet	Falangisten gewinnen unter General Franco den Spanischen Bürgerkrieg Hitler-Stalin-Pakt beschließt Teilung Polens Mit dem Einmarsch in Polen beginnt	PanAm nimmt ersten regelmäßigen Linienflugdienst über den Atlantik auf Massenherstellung von Stanzteilen senkt Kosten auf 20 Prozent gegen-	Brief Einsteins an Roosevelt führt zum Entschluss, die Atombombe zu bauen Fernsehgerät E1 auf der Berliner Funkausstellung vorgestellt

Jahr	Firmengeschichte	Weltgeschehen	Alltag / Sport	Wissenschaft / Kultur
1939		der 2. Weltkrieg Kriegserklärungen Englands und Frankreichs Völkerbund schließt UdSSR aus Attentat auf Hitler im Münchner Bürgerbräukeller	über 1900 Elektronenmikroskop geht in Serienproduktion (1931 erfunden) Haftpflicht für Kraftfahrzeuge eingeführt Einführung von Lebensmittel- und Kleiderkarten im Deutschen Reich Schalke 04 wird mit einem 9:0 gegen Admira Wien Deutscher Fußballmeister † Anthony Fokker, holländischer Flugzeugbauer	Erstes Flugzeug mit Düsenantrieb und erstes Raketenflugzeug von Heinkel „Vom Winde verweht" kostet 3,85 Millionen Dollar † Sigmund Freud, österreichischer Psychiater und Begründer der Psychoanalyse; Ernst Toller, Dichter; Papst Pius XI. Eugenio Pacelli wird Papst Pius XII.
1943	BASF-Ingenieur Hans Beck (Spitzname: „Schnecken-Beck") entwickelt die erste Schneckenplastifizierung Erste großtechnische Herstellung von Silikon-Kunstharzen	Geheimkonferenz von Casablanca, Churchill und Roosevelt beschließen, den Krieg nicht ohne bedingungslose Kapitulation zu beenden 6. deutsche Armee kapituliert in Stalingrad Aufstand im Warschauer Ghetto Alliierte landen auf Sizilien Stalin, Roosevelt und Churchill beschließen in Teheran die Aufteilung der Welt nach Kriegsende * Lech Walesa, polnischer Gewerkschafter	US-Bergarbeiter streiken für Anpassung der Löhne Henry Kaiser entwirft nach einem Baukastensystem den Schiffstyp „Liberty", der in nur zehn Tagen gebaut werden kann (Rekord: 4,5 Tage) In Oak Ridge Tennessee wird der erste voll funktionsfähige Kernreaktor der Welt in Betrieb genommen In Deutschland wird der kontinuierliche Stahlguss erfunden Schwere Luftangriffe auf Berlin, Hamburg, Kassel und Köln Dresdner SC wird mit Helmut Schön Deutscher Fußballmeister	Erstes Strahlflugzeug ME 262 wird erprobt Jacques Yves Cousteau erfindet mit der Aqualunge das erste Pressluft-tauchgerät UFA feiert 25-jähriges Jubiläum „Münchhausen" wird gedreht Max Beckmann: „Odysseus und Kalypso" Schreibverbot für Erich Kästner † Sergej Rachmaninow, russischer Komponist und Pianist; Max Reinhard, Regisseur; Hans und Sophie Scholl, Mitglieder der Widerstandsbewegung „Weiße Rose"
1945	Ankerwerk Gebr. Goller, Nürnberg: Fertigung von Ersatzteilen für Isoma-Spritzgießmaschinen der Firma Braun AG, Zerbst	Gipfelkonferenz in Jalta Ende des 2. Weltkriegs, Aufteilung Deutschlands in vier Besatzungszonen Gründungsversammlung der	Demontage von Industrie-Anlagen und -Ausrüstungen und deren Versand in die UdSSR Um Zahnverfall zu verhindern, wird in den USA die Fluoridierung von	Der von Konrad Zuse vorgestellte, äußerst zuverlässig arbeitende Computer Z4 enthält einen Magnetkernspeicher Neun Fernsehprogramme in USA

	Technik	Politik	Wirtschaft	Kultur
		Vereinten Nationen Atombomben auf Hiroshima und Nagasaki Wiederaufbau der SPD, Gründung der CDU Ho Chi Minh ruft in Hanoi die Demokratische Republik Vietnam aus † Adolf Hitler, Benito Mussolini; Franklin D. Roosevelt, US-Präsident; Harry S. Truman wird Nachfolger	Trinkwasser eingeführt FDGB in Berlin gegründet, Bildung von Gewerkschaften in Österreich Rotationspresse mit 24 Zylindern druckt 1200000 achtseitige Zeitungen pro Stunde	Uraufführung der Oper „Peter Grimes" von Benjamin Britten Nobelpreis für den Erfinder des Penicillins, Alexander Fleming † Béla Bartók, ungarischer Komponist; Dietrich Bonhoeffer, evangelischer Theologe; Käthe Kollwitz, Grafikerin; Franz Werfel, österreichischer Schriftsteller
1949	Battenfeld, Meinerzhagen, baut eine elektromechanische Kolbenmaschine (je eine Kurbelschwinge für Schließ- und Spritzeinheit)	Gründung der NATO; Frieden in Nahost Das Grundgesetz für die Bundesrepublik Deutschland wird verkündet Die CDU gewinnt die Bundestagswahlen, Konrad Adenauer wird Bundeskanzler, Theodor Heuss Bundespräsident, Bonn vorläufige Hauptstadt und Regierungssitz Die DDR entsteht Mao Tse-tung proklamiert die Volksrepublik China Kommunistenhetze in USA unter McCarthy † Prinz August Wilhelm von Preußen	Wirtschaftlicher Zusammenschluss von UdSSR, Polen, Rumänien, Tschechoslowakei und Ungarn zu RGW und Comecon Luftbrücke nach Berlin: 274718 Flüge in 13 Monaten 124245 Deutsche fliehen von Ost nach West Interzonen-Handelsabkommen zwischen West- und Ostdeutschland Energieverbrauch Deutschlands verdoppelt sich innerhalb von zehn Jahren Soichiro Honda konstruiert einen Motor und gründet ein Motorrad-Unternehmen Der Boxer Joe Louis tritt zurück	Das Raketenversuchsgelände Cape Canaveral entsteht Jungfernflug des ersten Düsenpassagierflugzeuges der Welt Verwendung der Elektronenschleuder zur Krebsbehandlung Bert Brecht: „Kalendergeschichten", G. Greene: „Der Dritte Mann", George Orwell: „1984" † Friedrich Bergius, Chemiker, Nobelpreis 1931; Hans Pfitzner, Komponist; Klaus Mann, Schriftsteller; Richard Strauss, Komponist
1950	Erste Anker-Spritzgießmaschine mit Kolbenzylinder und vollhydraulischem Antrieb	Stalin und Mao Tse-tung unterzeichnen Freundschafts- und Beistandspakt Der Korea-Krieg beginnt	Weltbevölkerung 2,33 Milliarden Die Lebensmittelrationierung in der BRD wird aufgehoben Über zwei Millionen Arbeitslose in	Erster käuflicher Computer, UNIVAC 1, speichert Daten auf Magnetband Erster Bildtelegraf in München ein-

	Arburg / Spritzgießtechnik	Politik / Weltgeschehen	Wirtschaft / Gesellschaft	Kultur / Wissenschaft
1950		Indochinakrieg in Vietnam zwischen französischen Kolonialtruppen und nordvietnamesischen Guerillas der Vietminh Frankreichs Außenminister Robert Schuman legt Plan zur Einigung Europas vor „Stasi"-Gesetz über die Bildung des Ministeriums für Staatssicherheit Walter Ulbricht wird Erster Sekretär des Zentralkomitees der SED Anerkennung der Oder-Neiße-Linie durch Polen und die DDR	der BRD Der DINERs Club führt die Kreditkarte ein Bundeswirtschaftsminister Erhard konzipiert das Modell der Freien Marktwirtschaft Serienproduktion von UKW-Radioempfängern † Gustav Krupp von Bohlen und Halbach, Industrieller Uruguay wird Fußballweltmeister	gerichtet (Übertragungszeit 21 Minuten) Hochgeschwindigkeitskamera für zehn Millionen Bilder pro Sekunde † Georg Bernhard Shaw, Heinrich Mann, George Orwell, Hedwig Courths-Mahler (alle Schriftsteller); Kurt Weill, Komponist; Max Beckmann, Maler
1951	Erste Spritzgießmaschine ohne Kolbenzylinder (Doppelschnecke) durch R. H. Windsor (GB)	Koreakrieg; Seoul wird von kommunistischen Truppen erobert, später wieder geräumt, in Korea stehen 160000 Mann UN-Einheiten Schah Reza Pahlewi (Persien) heiratet Prinzessin Soraya Montanunion-Abkommen in Paris unterzeichnet Winston Churchill wird erneut britischer Premier	Das „Wirtschaftswunder" beginnt, steiler Anstieg des BSP bis 1960, Arbeitslosenzahl geht von zwei auf 1,3 Millionen zurück Ria Baran und Paul Falk werden Eiskunstlauf-Weltmeister † Ferdinand Porsche, Autokonstrukteur (Volkswagen, Porsche 356); August Horch, Autokonstrukteur	Willy Forsts Film „Die Sünderin" mit Hildegard Knef sorgt wegen einiger Nacktszenen für Schlagzeilen Start des Farbfernsehens in den USA (CBS) † André Gide, französischer Schriftsteller, Nobelpreis 1948; Sinclair Lewis, US-Schriftsteller, Nobelpreis 1930; Ferdinand Sauerbruch, Chirurg; Arnold Schönberg, österreichischer Komponist
1954	Arburg, Loßburg, entwickelt kleine, handbetätigte Spritzgießmaschine zunächst für den Eigenbedarf, daraus entsteht 1961 die Allrounder-Spritzgießmaschinen-Baureihe	Mao Tse-tung endgültig Präsident der Volksrepublik China In Ägypten stürzt Gamal Abd el-Nasser General Nagib Politische und militärische Spaltung Deutschlands vollzogen Grundgesetzänderung ermöglicht Einführung der Wehrpflicht in der BRD	Autoproduktion in Deutschland seit 1949 verachtfacht, Motor ist vor allem der Export Jeder Bundesbürger kann 1500 DM in beliebige Währung umtauschen, die Reiselust wächst Metallarbeiterstreik in Bayern Beseitigung der Rassentrennung an Schulen in den USA	USA zünden bisher stärkste Wasserstoffbombe (600-fache Hiroshima-Bombe) Erstes atomgetriebenes U-Boot der USA „Nautilus" vom Stapel gelaufen Erste Photovoltaikzelle in USA entwickelt Familie Schölermann wird erste Fernsehfamilie

1954		Frieden in Vietnam; Europäische Verteidigungsgemeinschaft scheitert, Beschluss zur Wiederbewaffnung und Aufnahme der BRD in die NATO	Deutschland wird mit 3:2 gegen Ungarn in Bern Fußballweltmeister „Rock-and-Roll" wird populär	Thomas Mann: „Bekenntnisse des Hochstaplers Felix Krull"; Henry Moore: „Krieger mit dem Schild", Pablo Picasso: „Jaqueline mit verschränkten Händen" + Wilhelm Furtwängler, Dirigent; Auguste Lumière, französischer Kinematograf; Henri Matisse, französischer Maler
1956	Erste Einschnecken-Spritzgießmaschine durch Ankerwerk Gebr. Goller, Nürnberg (Typ DVa, auf Basis der Kolbenmaschine SE 50, Schneckenplastifizierung mit elektrischem Antrieb, Kniehebel, 60 Tonnen Schließkraft), heute – nach Jahren der Präsentation – luftdicht verpackt im Depot des Deutschen Museums in München	Weltweit 50000 Atombomben; Adenauer wieder CDU-Vorsitzender; Bundesverfassungsgericht verbietet Kommunistische Partei; Hitler amtlich für tot erklärt; „Nationale Volksarmee" in der DDR; Fürst Rainier von Monaco heiratet Grace Kelly; Aufstand in Ungarn von Sowjetarmee blutig niedergeschlagen; Israel besetzt den Sinai und marschiert zum Suezkanal	BSP der BRD: 180,2 Milliarden DM, Haushalt: 34,8 Milliarden DM; Durchschnittliche Bruttostundenlöhne westdeutscher Industriearbeiter in DM: Männer/Frauen 2,17/1,37; 45-Stunden-Woche mit Lohnausgleich in der Metallindustrie der BRD; XVI. Olympische Sommerspiele in Melbourne (gemeinsame deutsche Mannschaft), Winterspiele in Cortina d'Ampezzo; Borussia Dortmund Deutscher Fußballmeister	Nobelpreis für Physik an Shockley, Barden, Brattain (USA) für Entwicklung des Transistors; Weltweit 77 Kernreaktoren in Betrieb (Deutschland 0); Automation: Produktion von 13000 Zylinderköpfen je Monat durch zwei Mann in zwei Schichten; US-Raketen-Versuchsflugzeug Bell X-2 erreicht 3000 km/h; Stuttgarter Fernsehturm mit Gaststätte, 211 Meter hoch + Bertolt Brecht, Dichter und Stückeschreiber; Irène Joliot-Curie französische Wissenschaftlerin (Tochter von Marie Curie), Chemie-Nobelpreis 1935; Emil Nolde, Maler
1957	Ankerwerk Gebr. Goller, Nürnberg; Zusammenarbeit mit Krauss-Maffei AG, München; Ausdehnung des Spritzgießmaschinen-Programms bis 3000 Megapond Schließkraft	Die Franzosen geben das Saarland an Deutschland zurück; Römische Verträge: EURATOM, EWG; Absolute Mehrheit für Konrad Adenauer und die CDU/CSU bei den dritten Wahlen zum Deutschen	Segelschulschiff „Pamir" sinkt im Hurrikan (80 Tote); Heftige öffentliche Diskussion um atomare Bewaffnung der Bundeswehr; In der DDR wie auch in der BRD wird die Arbeitszeit auf 45 Wochen-	USA geschockt: Sowjetische Wissenschaftler starten Sputnik I, den ersten künstlichen Satelliten in einer Erdumlaufbahn, wenig später starten die Sowjets Sputnik II mit der Hündin Laika an Bord; Erste TV-Übertragung einer Geburt

1957		Bundestag, Adenauer wird zum dritten Mal Bundeskanzler Rassenkämpfe in USA (Little Rock) Willy Brandt wird Regierender Bürgermeister von Berlin † Joseph R. McCarthy, US-Politiker und Antikommunist	stunden verkürzt „River-Kwai-Marsch" ist Schlager des Jahres Grippeepidemie in Deutschland Jacques Anquetil gewinnt die Tour de France † Rosmarie Nitribitt, Callgirl, ermordet	(Kaiserschnitt) in England Der Laser wird erfunden Felix Wankel erfindet den Drehkolbenmotor † Benjamino Gigli, italienischer Tenor; Henry van de Velde, Architekt; Christian Dior, französischer Modeschöpfer; Arturo Toscanini, italienischer Dirigent; Alfred Döblin, Schriftsteller
1959	Eckert & Ziegler, Weißenburg, baut vollhydraulische Monomat-Reihe mit Schneckenkolben Erste vollautomatische Großspritzgießmaschine der Welt durch Krauss-Maffei, Typ V40-550, 5500 Kilonewton Schließkraft, mit Ankerspritzeinheit, vollhydraulisch und mit elektrisch drehender Schnecke	Fidel Castro übernimmt Macht in Kuba Heinrich Lübke wird Bundespräsident; SPD verabschiedet Godesberger Programm Dwight D. Eisenhower besucht als erster US-Präsident seit Kriegsbeginn Westdeutschland Die britische Kronkolonie Zypern erhält die Unabhängigkeit Hawaii wird 50. Bundesstaat der USA	Erste Volksaktie (Preussag) VW-Konzern wird reprivatisiert Hula-Hoop-Reifen bringen deutsche Hüften zum Schwingen Das Deutsche Fernsehen zählt drei Millionen Teilnehmer Der Schwede Ingemar Johannson besiegt Floyd Patterson und wird Boxweltmeister im Schwergewicht Eintracht Frankfurt wird Deutscher Fußballmeister † Rudolf Caracciola, Autorennfahrer	Russische Mondsonde „Lunik" startet; Lunik III fotografiert Rückseite des Mondes; Amerikaner schießen zwei Äffchen (Abel und Baker) ins All Radar-Echos von Sonne und Venus können empfangen werden Deutsches Elektronen-Synchrotron DESY geht in Hamburg in Betrieb „documenta II" in Kassel wird eröffnet Günter Grass: „Die Blechtrommel" † Hans Baedeker, Publizist; Cecil B. de Mille, US-Filmproduzent; Frank Lloyd Wright, US-Architekt
1960	Ankerwerk Gebr. Goller, Nürnberg: erster Kunden-Lehrgang für Spritzgießtechnik	John F. Kennedy wird mit 44 Jahren jüngster US-Präsident Leonid Breschnew wird Staatsoberhaupt der UdSSR Erste Ost-West-Abrüstungskonferenz der „10 Mächte" eröffnet, belastet durch den Absturz eines U2-Aufklärungsflugzeugs über der Sowjet-	Die Europäische Freihandelszone EFTA wird gegründet Iran, Irak, Kuwait, Saudi-Arabien und Venezuela gründen die Organization of the Petroleum Exporting Countries (OPEC) Armin Hary läuft 100 Meter in 10,0 Sekunden und gewinnt die Gold-	Frankreich zündet in der Sahara seine erste Atombombe Jaques Piccard und Don Walsh erreichen mit der „Trieste" im Marianengraben eine Tauchtiefe von 10916 Metern Der „Meter" wird neu definiert als das 1.650.763,73-fache der Wellen-

1960	Erste Elastomer-Verarbeitung auf Anker-Schnecken-Spritzgießmaschinen (System Kalt-Kanal Ankerwerk)	union Nikita Chruschtschows legendärer Auftritt bei den Vereinten Nationen † Wilhelm Pieck, Präsident der DDR	medaille bei den Olympischen Spielen in Rom, Cassius Clay beim Boxen, Abebe Bikila barfuß beim Marathonlauf † Karl Maybach, Konstrukteur und Industrieller (Sohn von Wilhelm M., dem Mitarbeiter Gottlieb Daimlers)	länge des Lichts, das beim Erhitzen von Kryptongas emittiert wird † Hans Albers, Liesl Karlstadt, Clark Gable (alle Schauspieler); Ernst Rowohlt, Verleger; Albert Camus, französischer Schriftsteller, Nobelpreis 1957; Boris Pasternak, sowjetischer Schriftsteller, Nobelpreis 1958
1961		Die vom CIA geleitete Invasion Kubas scheitert in der Schweinebucht Chruschtschow und Kennedy treffen sich in Wien Mauerbau in Berlin unter Protesten des Westens Wieder Rassenunruhen in den USA Verurteilung des Stalinismus auf dem XXII. Parteitag der KPdSU Die CDU/CSU verliert die Mehrheit im Bundestag und geht eine Koalition mit der FDP ein † Dag Hammarskjöld, schwedischer Politiker und UN-Generalsekretär; Patrice Lumumba, kongolesischer Politiker	Die 40-Stunden-Woche soll in vier Jahren erreicht werden Run auf die VW-Aktien führt zu einer Überzeichnung von 85,4 Prozent Der Autohersteller Borgward muss Konkurs anmelden Das erste westdeutsche Kernkraftwerk geht versuchsweise ans Netz In Indien bauen Deutsche und Österreicher ein modernes Stahlwerk Die UEFA schafft den Europapokal der Pokalsieger; erster Sieger wird der AC Florenz	Juri Gagarin ist mit der „Wostok" der erste Mensch im Weltall Rudolf Mößbauer (Resonanzabsorption der Gammastrahlen) und Robert Hofstader (Elektronenausbreitung bei Atomkernen) teilen sich den Physik-Nobelpreis Das Zweite Deutsche Fernsehen wird beschlossen † Carl Gustav Jung, Schweizer Psychoanalytiker; Ernest Hemingway, US-Schriftsteller (Freitod), Nobelpreis 1954; Sir Thomas Beecham, englischer Dirigent; Gary Cooper, US-Filmschauspieler
1963	Erste Duroplast-Verarbeitung auf Anker-Schnecken-Spritzgießmaschinen Battenfeld baut eine Spritzgießmaschine mit zweistufiger elektromechanisch-hydraulischer Schließeinheit („Spindelmaschine")	Die Fernschreibleitung zwischen den Regierungschefs der USA und der UdSSR wird installiert („Heißer Draht") US-Präsident John F. Kennedy sagt an der Mauer „Ich bin ein Berliner" Der Staatsanwalt ermittelt in der	Erstmals 70 Millionen Beschäftigte in den USA Philips bringt die Tonbandkassette auf den Markt In England sorgt der größte Raubüberfall der Geschichte für Aufsehen, Beute 28 Millionen DM	Das Internationale Komitee des Roten Kreuzes erhält den Friedensnobelpreis In Sibirien entsteht das größte Wasserkraftwerk der Welt Die Fehmarnbrücke, Herzstück der Vogelfluglinie von Europa nach

1963	„Spiegel-Affäre" Höhepunkt der Bürgerrechtsbewegung gegen die Diskriminierung Schwarzer unter Pastor Martin Luther King jr. Adenauer tritt zurück, neuer Kanzler wird Ludwig Erhard † Theodor Heuss, Alt-Bundespräsident; John F. Kennedy, 35. US-Präsident (Attentat)	Beim Grubenunglück in Lengede kommen 29 Bergleute ums Leben Kilius-Bäumler werden Weltmeister im Eiskunstlauf Die Bundesliga wird gegründet	Skandinavien, überspannt den Sund † Gustav Gründgens, Schauspieler und Regisseur; Edith Piaf, französische Chansonsängerin; Jean Cocteau, französischer Poet und Maler; Paul Hindemith, Komponist; Papst Johannes XXIII. (A. G. Roncalli) G. B. Montini wird neuer Papst Paul VI.
1966	VEB Plastmaschinenwerk Wiehe baut erste vollelektrische Kolbenmaschine mit nur einem E-Motor und Kurbelrastgetriebe für alle Bewegungen (Typ KuAS 1,6 x 2)	Indira Gandhi wird indische Ministerpräsidentin, beendet den Kaschmir-Konflikt mit Pakistan An der Finanzlage des Bundes zerbricht die Koalition zwischen CDU/CSU und FDP, es kommt zur Großen Koalition in Bonn Mao Tse-tung begegnet der wachsenden Opposition in den eigenen Reihen mit der so genannten „Kulturrevolution" Die Außerparlamentarische Opposition (APO) beginnt mit anti-amerikanischen Demonstrationen	Die EWG einigt sich über die Finanzierung der Agrarpolitik Die Kraftstoffeinspritzung für Kfz-Motoren ist marktreif Ein Hochwasser überschwemmt ein Drittel Italiens und Teile Österreichs England wird im Endspiel mit einem 4:2-Sieg Fußballweltmeister, das „Wembley-Tor" ist Tagesthema Kronprinzessin Beatrix und Claus von Amsberg heiraten
1967	Umwandlung der Ankerwerk Gebr. Goller, Nürnberg OHG in die Ankerwerk Nürnberg GmbH – Einführung des Fünfpunkt-Doppelkniehebels	Israel gewinnt gegen Ägypten, Jordanien und Syrien den „Sechs-Tage-Krieg" Militärputsch in Griechenland, König Konstantin muss fliehen USA setzen im Vietnamkrieg chemische Waffen zur Entlaubung der Wälder ein Der Schah von Persien besucht	Der Suezkanal wird geschlossen Die OPEC setzt Exportsperren für Öl als Druckmittel gegen pro-israelische Staaten ein EWG, EURATOM und EGKS werden zur Europäischen Gemeinschaft EG verschmolzen In der BRD löst die Mehrwertsteuer die Umsatzsteuer ab

		Im ersten Halbjahr stürzen 60 Starfighter der Bundesluftwaffe ab Die erste (unbemannte) Mondlandung schaffen die Russen mit der LUNA IX, kurz darauf landet die amerikanische Sonde Surveyor 1 weich auf dem Mond Der Vatikan hebt die seit 1557 bestehende, 1559 erstmals veröffentlichte Liste der verbotenen Bücher auf † Walt Disney, US-Filmproduzent, Erfinder der Mickey Mouse; Buster Keaton, US-Schauspieler
		Professor Christiaan Barnard gelingt die erste Herzverpflanzung, der Patient überlebt 18 Tage Erstes regelmäßiges Farbfernsehen in Deutschland und Europa Die Sekunde wird neu definiert als die Zeit, in der von heißem Cäsium emittierte Mikrowellen 9.192.631.770 Mal schwingen

1967	Ankerwerk Nürnberg GmbH: Stufenweise Beteiligung der Demag AG, Duisburg bis 100 Prozent (1971) Demag erwirbt Albert Stübbe, Kalldorf Dr. Boy, Fernthal, baut für den Eigenbedarf erste kleine Zweiplattenmaschine (15 Tonnen Schließkraft)	Berlin, bei Demonstrationen wird Benno Ohnesorge erschossen, die APO wird radikaler, Bürgermeister Heinrich Albertz tritt zurück Walter Scheel wird FDP-Vorsitzender † Konrad Adenauer, CDU-Politiker und Ex-Bundeskanzler; Fritz Erler, SPD-Politiker; „Che" Guevara, marxistischer südamerikanischer Revolutionär; Peking Pu Yi, letzter Kaiser Chinas	Die DDR führt die Fünf-Tage-Woche ein und hebt die Mindestlöhne Cassius Clay verweigert den Fahneneid, wird Muslim und nennt sich Muhammad Ali	Tastaturen zur Dateneingabe in Computer werden entwickelt † Robert Oppenheimer, US-Atomphysiker (1945 erste Atombombe); Anette Kolb, Schriftstellerin
1968		Alexander Dubcek wird Parteichef der KP der CSSR und legt ein Reformprogramm vor; Truppen des Warschauer Paktes beenden den „Prager Frühling" USA, UdSSR und Großbritannien unterzeichnen den Atomwaffensperrvertrag Attentat auf Rudi Dutschke, APO-Führer Studentenunruhen in Frankreich und Deutschland Bürgerkrieg in Nigeria fordert viele Opfer Richard Nixon wird US-Präsident † Dr. Martin Luther King, US-Bürgerrechtler; Robert Kennedy, US-Politiker	Vollbeschäftigung in der BRD (Quote 0,8 Prozent) als Folge der „Konzertierten Aktion" Der „Contergan"-Prozess beginnt in Alsdorf Ein Orkan verwüstet Pforzheim und Umgebung Erhard Keller gewinnt Gold im Eisschnelllauf bei den X. Olympischen Spielen in Grenoble Die DDR stellt eine eigene Mannschaft für die Olympischen Spiele in Mexiko, wo Bob Beamon 8,90 Meter im Weitsprung erreicht	Einführung eines allgemeinen „Numerus clausus" reguliert Zugang zu deutschen Hochschulen Zweite Herzverpflanzung durch Professor Barnard Apollo VIII bringt erstmals Menschen in eine Umlaufbahn um den Mond; Saturn V umrundet den Mond zehn Mal Tupolew TU-144 ist das erste zivile Überschallpassagierflugzeug † Juri Gagarin, UdSSR-Kosmonaut; Otto Hahn, Kernphysiker (erste Kernspaltung 1938), Chemie-Nobelpreis 1944; Jim Clark, schottischer Autorennfahrer; Arnold Zweig, Schriftsteller; John Steinbeck, US-Schriftsteller, Nobelpreis 1962
1970	Ludwig Maurer KG, Malterdingen (später Klöckner Ferromatik GmbH) entwickelt TTL-Steuerung	Beginn der SALT-Gespräche zur Begrenzung strategischer Rüstung zwischen UdSSR und USA	Die Palästinenser begehen weltweite Terroraktionen Prozesse gegen Mitglieder der	Der Bau des Assuan-Staudamms in Ägypten wird abgeschlossen China startet seine erste Weltraum-

1970	(Transistor-Transistor-Logik) Gründung des Demag-Entwicklungszentrums Kunststofftechnik in Nürnberg	„Erfurter Treffen" zwischen Willy Brandt und der DDR-Führung Beginn der Nahost-Friedensgespräche Bruno Kreisky wird österreichischer Bundeskanzler, Edward Heath britischer Premierminister Moskauer Vertrag, Brandt unterzeichnet in Warschau den deutsch-polnischen Grundlagenvertrag Aktives Wahlalter in der BRD von 21 auf 18 Jahre herabgesetzt † Gamal Abd el-Nasser, ägyptischer Staatspräsident; Charles de Gaulle, französischer Staatspräsident	Baader-Meinhof-Gruppe beginnen, Andreas Baader wird aus dem Gefängnis befreit Eine Flutkatastrophe in Ostpakistan fordert weit über 200000 Tote Jahrhundert-Hochwasser in Rumänien Industrieller Einsatz von Schneid- und Schweiß-Kohlendioxidlasern Brasilien wird in Mexiko Fußballweltmeister	rakete Erste vollständige Synthese eines Genes Alexander Solschenizyn erhält den Literatur-Nobelpreis Apollo XIII entgeht nur knapp einer Katastrophe Erster Atlantikflug einer Boeing 747 („Jumbo Jet") Die Floppy-Disk (8 ") wird vorgestellt † Jochen Rindt, Autorennfahrer; Jimi Hendrix, US-Rockmusiker; Erich Maria Remarque, deutsch-amerikanischer Schriftsteller
1971	Erste programmierbare Spritzgießmaschine der Welt (DAC 1) durch Ankerwerk Nürnberg und Beginn der Entwicklung einer Digitalhydraulik Vorstellung einer Demag-Polyurethan-Anlage auf der K'71	Erich Honecker wird neuer SED-Vorsitzender Idi Amin kommt in Uganda an die Macht In der Schweiz wird das Frauenwahlrecht eingeführt Willy Brandt erhält den Friedensnobelpreis, trifft sich mit Breschnew auf der Krim zu Gesprächen USA, Großbritannien und die UdSSR unterzeichnen ein Atomwaffenverbot für den Meeresboden † Nikita Chruschtschow, ehemaliger sowjetischer Staatspräsident	Beginn einer Weltwährungskrise auf Grund eines schwachen US-Dollars Selbstwähldienst für Ferngespräche zwischen USA und Europa Horst Gregorio Canellas, Präsident von Kickers Offenbach, bringt den Bundesliga-Bestechungsskandal an die Öffentlichkeit 66 Tote beim Einsturz der Tribüne bei einem Fußballspiel in Glasgow Einer der Aldi-Brüder wird entführt und gegen ein Lösegeld von sieben Millionen DM wieder freigelassen † Sonny Liston, ehemaliger Boxweltmeister	Drei russische Kosmonauten werden nach ihrer Rückkehr zur Erde tot aus ihrer Raumkapsel geborgen Der Mikroprozessor wird erfunden, der erste Taschenrechner von Texas Instruments beherrscht die vier Grundrechenarten und wiegt mehr als ein Kilogramm Holographie-Erfinder Dennis Gabor erhält den Nobelpreis † Louis „Satchmo" Armstrong, US-Jazztrompeter; Igor Strawinsky, amerikanisch-russischer Komponist; „Coco" Chanel, französische Modeschöpferin; „Fernandel", französischer Schauspieler („Don Camillo")
1972	Ankerwerk Nürnberg, Stübbe Maschinenfabrik, Kalldorf,	SALT-Abkommen zwischen UdSSR und USA zur Begrenzung strategi-	Der VW Käfer wird mit 15007634 Exemplaren das erfolgreichste Auto	Für die Theorie der Supraleitung erhalten die Amerikaner Bardeen,

1972	Jünkerather Maschinenfabrik/Gießerei, Demag Kunststoffmaschinen/Extrusionstechnik Darmstadt/Duisburg bilden die Demag Kunststofftechnik GmbH (DKT), später kommt die Mannesmann Meer Kunststofftechnik, Mönchengladbach hinzu Mannesmann AG, Düsseldorf erwirbt Demag (bis 1974)	scher Rüstung 78 Staaten unterzeichnen die Ächtung bakteriologischer Waffen Richard Nixon besucht als erster US-Präsident China und die UdSSR, wird als Präsident der USA wieder gewählt Pakistan und Indien schließen Frieden Misstrauensvotum des Bundestags gegen Willy Brandt scheitert; SPD/FDP gewinnen die Wahlen Mehrere RAF-Mitglieder werden verhaftet Karl Schiller tritt als Finanzminister zurück, Nachfolger wird Helmut Schmidt † Heinrich Lübke, ehemaliger Bundespräsident, Harry S. Truman, ehemaliger US-Präsident	aller Zeiten; EWG und die EFTA unterzeichnen ein Freihandelsabkommen Bobby Fischer wird Schachweltmeister; Erhard Keller holt Gold im Eisschnelllauf in Sapporo Bei den Olympischen Spielen von München überfallen arabische Terroristen das Olympiadorf und töten zwei Israelis Die deutsche Fußballnationalmannschaft gewinnt nach 64 Jahren wieder gegen England (3:1) Uwe Seeler bestreitet sein Abschiedsspiel † Friedrich Flick, Großindustrieller	Cooper und Schrieffer den Nobelpreis für Physik Heinrich Böll erhält den Literaturnobelpreis In England wird der erste Computer-Tomograph eingesetzt In Kassel wird die „documenta 5" eröffnet † Maurice Chevalier, französischer Chansonier und Schauspieler; Asta Nielsen, dänischer Stummfilmstar; Ernst von Salomon, Schriftsteller; Hans Scharoun, Architekt (Berliner Philharmonie); Lale Andersen, Schlagersängerin
1973	Verbesserte programmierbare Spritzgießmaschine DAC II mit Digitalhydraulik durch Ankerwerk Nürnberg Erste Prozessregelung an Spritzgießmaschinen (Sycap) durch Netstal Maschinen AG, Schweiz Extrusionstechnik der Demag AG zieht von Darmstadt nach Nürnberg (DKT) um	Waffenstillstand in Vietnam Leonid Breschnew kommt nach Bonn Willy Brandt besucht Israel, erster offizieller Besuch eines deutschen Regierungschefs Krieg im Nahen Osten, Friedenskonferenz in Genf Militärputsch in Chile; Staatspräsident Allende wird ermordet Dänemark, Großbritannien und Irland werden EG-Mitglieder † Lyndon B. Johnson, ehemaliger US-Präsident; Walter Ulbricht, ehemaliger Staatsratsvorsitzender der	Größter Hochofen Europas (Thyssen) produziert täglich 10000 Tonnen Roheisen Erstes Sonntagsfahrverbot, da die OPEC die Öl-Produktion eingeschränkt hat, die Ölkrise begünstigt eine Befürwortung der Kernenergie Das World Trade Center in New York wird mit 415 Metern höchstes Gebäude der Welt Eintracht Braunschweig wirbt als erster Fußball-Bundesligist auf den Trikots der Spieler Günter Netzer wechselt zu Real Madrid	Anfänge der Gentechnologie, die Amerikaner Cohen und Boyer können DNA-Moleküle zerschneiden und wieder zusammensetzen Skylab 1 wird in die Umlaufbahn gebracht Friedensnobelpreis für Henry Kissinger und den Nordvietnamesen Le Duc Tho, der jedoch ablehnt Die Sesamstraße kommt ins deutsche Fernsehen † Pablo Picasso, spanischer Maler, Grafiker und Bildhauer; Willy Fritsch, Schauspieler; Victor de Kowa, Schauspieler; Max

	Technik / Demag	Politik	Gesellschaft	Wissenschaft / Kultur
1973		DDR; Ben Gurion, israelischer Politiker); König Gustav VI. Adolf von Schweden	† Paavo Nurmi, finnischer Langstreckenläufer und Olympiasieger	Horkheimer, Philosoph und Soziologe; Pablo Neruda, chilenischer Schriftsteller, Nobelpreis 1971; Ingeborg Bachmann, österreichische Schriftstellerin
1975	Vorstellung der neuen D-Maschinen-Reihe und einer Plattenanlage der Demag Kunststofftechnik (DKT) auf der K '75. Umwandlung der DKT GmbH in „Demag Kunststofftechnik Zweigniederlassung der Demag AG". Erste Mikroprozessor-Steuerung an Spritzgießmaschinen durch Arburg, Loßburg. Erste größere Zweiplattenmaschinen durch Fahr-Bucher, Gottmadingen, und VEB Plastmaschinenwerk Freital bzw. Schwerin	Bedingungslose Kapitulation Südvietnams und Abzug letzter US-Truppen. Kambodscha kapituliert vor den Roten Khmer. Mao Tse-tung empfängt Bundeskanzler Helmut Schmidt und F.J. Strauß. Ende der Diktatur in Spanien, Juan Carlos wird König. 35 Staaten unterzeichnen die KSZE-Schlussakte. Der Baader-Meinhof-Prozess beginnt. † Feisal, König von Saudi-Arabien; Tschiang Kai-schek, ehemaliger nationalchinesischer Staatspräsident; General Franco, spanischer Diktator; Haile Selassie I., äthiopischer Kaiser	Krise in der US-Automobilindustrie, Arbeitslosenquote in Detroit 14 Prozent. Überfall arabischer Terroristen auf die OPEC-Konferenz in Wien, Geiselnahme endet mit drei Toten. „Bewegung 2. Juni" entführt den Vorsitzenden der Berliner CDU, Peter Lorenz, Freilassung nachdem fünf Terroristen freigelassen wurden. Wiedereröffnung des Suezkanals nach achtjähriger Schließung. Großbritannien beginnt mit der Erdölförderung in der Nordsee. Muhammad Ali verteidigt zum 13. Mal seinen Titel als Boxweltmeister aller Klassen. † Aristoteles Onassis, griechischer Reeder	Der sowjetische Physiker Andrej Sacharow erhält den Friedensnobelpreis. Apollo und Sojus 19 treffen sich im All. Die Raumsonde Viking 1 landet weich auf dem Mars. Das Liquid Crystal Display (LCD) kommt auf den Markt. Erster PC-Bausatz in USA erhältlich. Liv Ullmann: „Szenen einer Ehe". † Therese Giehse, Schauspielerin; Pier Paolo Pasolini, italienischer Schriftsteller und Filmregisseur (ermordet); Josephine Baker, französisch-amerikanische Tänzerin und Sängerin; Hannah Arendt, deutsch-amerikanische Politikwissenschaftlerin und Soziologin
1979	Firmierung als Mannesmann Demag Kunststofftechnik (MDKT). Entwicklung der NCII-Steuerung mit Mikroprozessor und Bildschirm durch MDKT. Entwicklung des Combiform-Verfahrens (Mehrkomponenten-Spritzgießen ohne Werkzeugöffnen) durch Battenfeld, Meinerzhagen	USA und UdSSR unterzeichnen das SALT-II-Abkommen. Die NATO beschließt die Stationierung von Pershing 2 und Cruise Missiles in Europa („NATO-Doppelbeschluss"). UdSSR marschiert in Afghanistan ein. USA und China nehmen diplomatische Beziehungen auf	In der BRD streiken 15000 Lehrer für niedrigere Pflichtstundenzahl. Im Kernkraftwerk Three Mile Island bei Harrisburg kommt es zu einem schweren Störfall. Massive Proteste gegen das atomare Zwischenlager in Gorleben. Beim Absturz einer DC 10 kommen alle 277 Insassen um	Erste gentechnisch geklonte Mäuse. Brian Allen überquert mit seinem durch Muskelkraft angetriebenen „Albatros" den Ärmelkanal. Voyager 1 entdeckt Jupiter-Ring. Skylab stürzt vor Australien ins Meer. Papst Johannes Paul II. besucht Polen

1979		Ajatollah Khomeini kehrt aus dem Exil in Paris in den Iran zurück, Schah Reza Pahlewi muss das Land verlassen. Margaret Thatcher wird englische Premierministerin. Karl Carstens deutscher Bundespräsident. Erste Direktwahlen zum Europäischen Parlament. † Rudi Dutschke, Studentenführer; Carlo Schmid, SPD-Politiker	Visicalc ist die erste weltweit vermarktete Anwendungssoftware für Personalcomputer. Björn Borg gewinnt zum vierten Mal hintereinander das Herreneinzel in Wimbledon. Bei der Regatta um den „Admiral's Cup" ertrinken 17 Segler. † Heinrich Focke, Flugzeugkonstrukteur	Mutter Teresa erhält den Friedensnobelpreis. Die amerikanische Serie „Holocaust" kommt ins deutsche Fernsehen. † Herbert Marcuse, deutsch-amerikanischer Sozialphilosoph; Heinz Erhard, Humorist; Peter Frankenfeld, Unterhaltungskünstler; Arno Schmidt, Schriftsteller („Zettels Traum"); John Wayne, US-Filmschauspieler
1980	Krise und Standort-Konzentration der Mannesmann Demag Kunststofftechnik in Schwaig bei Nürnberg. Ab 1980 zunehmende Automatisierung des Spritzgießverfahrens	Zwischen Iran und Irak kommt es zum Krieg. Bei einem Bombenattentat auf den Hauptbahnhof in Bologna sterben 83 Menschen. Ein Bombenanschlag von Rechtsextremisten fordert auf dem Münchner Oktoberfest 13 Tote. Mehrere Anschläge auf bundesdeutsche Wohnheime für Ausländer. Die Grünen formieren sich als Bündnispartei zur Bundespartei. F.J. Strauß verliert die Bundestagswahl. Ronald Reagan wird US-Präsident. Arbeiterführer Lech Walesa gründet Gewerkschaft in Polen. † Josip Tito (Broz), ehemaliger jugoslawischer Staatspräsident	Nach über 100-jähriger Ruhe bricht der Vulkan Mount St. Helens aus. In der Nordsee kentert die Bohrinsel „Alexander Kielland" und reißt über 150 Arbeiter mit sich. Der Amerikaner Eric Heiden gewinnt in Lake Placid alle fünf Goldmedaillen. Neuer Präsident des Internationalen Olympischen Komitees wird Juan Antonio Samaranch. 65 Nationen boykottieren die Olympischen Spiele von Moskau wegen des Einmarsches in Afghanistan. Deutschland wird Fußballeuropameister	Erster Nierensteinzertrümmerer. Neuer Impfstoff gegen Hepatitis B. General Electric gewinnt Prozess um die Patentierbarkeit einer gentechnisch geklonten Mikrobe. Voyager 2 entdeckt den 13. und 14. Saturnmond. Volker Schlöndorffs Film: „Die Blechtrommel" (G. Grass). † Erich Fromm, deutsch-amerikanischer Psychoanalytiker; Arthur Rubinstein, Pianist; Sir Alfred Hitchcock, britischer Filmregisseur; Henry Miller, US-Schriftsteller („Wendekreis des Krebses"); John Lennon, Ex-Beatle; Jean-Paul Sartre, französischer Schriftsteller und Philosoph
1983	Nissei und Fanuc, beide Japan, stellen erste vollelektrische Spritzgieß-	Helmut Kohl wird erneut Bundeskanzler, die Grünen schaffen den	Heimcomputer sind der Kassenschlager, IBM XT erster PC mit fest	Erste Computermaus (Apple LISA). Erste erfolgreiche Verpflanzungen

1983	maschinen vor (elektrischer Antrieb aller Achsen, direkt oder über Getriebe)	Sprung in den Bundestag US-Invasion auf Grenada Die UdSSR schießt über Sachalin ein koreanisches Verkehrsflugzeug (Jumbo) ab (Spionageverdacht) Volkszählung wird wegen vieler Verfassungsbeschwerden verschoben BRD übernimmt die Bürgschaft für einen Milliardenkredit der DDR Israels Ministerpräsident Menachem Begin tritt zurück Neue Atomraketen werden unter schweren Protesten in der BRD stationiert Anklage in der Flick-Spendenaffäre wird erhoben	eingebautem Plattenspeicher von zehn MByte Großfeuerungs-Anlagenverordnung soll Schadstoffausstoß, Hauptursache für „Sauren Regen" und Waldsterben, reduzieren DGB kämpft um 35-Stunden-Woche EG-Umweltminister beschließen Einfuhrverbot für Robbenfelle Die Dioxinfässer aus Seveso werden in Frankreich gefunden Erste Aids-Erkrankungen in der BRD	menschlicher Embryos Erstes künstliches Chromosom Der „Meter" wird neu definiert als die Strecke, die das Licht in 1/299.792.458 Sekunde durchläuft Lech Walesa erhält den Friedensnobelpreis Der „Stern" veröffentlicht die vermeintlichen Hitler-Tagebücher † Werner Egk, Komponist; Joan Miró, spanischer Maler und Bildhauer; Charlie Rivel, spanischer Clown; Anna Seghers, Schriftstellerin; Tennessee Williams, US-Dramatiker
1986	NCIII-Steuerung mit intelligentem Bedienterminal an der Maschine durch Mannesmann Demag Kunststofftechnik	Portugal und Spanien werden Vollmitglieder der EG Ferdinand Marcos, Präsident der Philippinen, wird gestürzt US-Flugzeuge bombardieren libysche Städte Ronald Reagan und Michail Gorbatschow treffen sich in Reykjavik Kurt Waldheim wird österreichischer Bundespräsident Prinz Andrew heiratet Sarah Ferguson USA feiert den 100. Geburtstag der Freiheitsstatue † Olof Palme, schwedischer Ministerpräsident (erschossen); Wjatscheslaw Molotow, sowjetischer Politiker	In Tschernobyl ereignet sich die bislang größte Nuklearkatastrophe aller Zeiten Voest, größter österreichischer Konzern mit fast 70000 Mitarbeitern, wird „entstaatlicht" Moderne Elektronik führt zu zahlreichen Innovationen im Automobilbau (Allradantrieb, Anti-Schlupf-System, automatisches Sperrdifferenzial) In der BRD werden maschinenlesbare Personalausweise eingeführt Der DGB verkauft die „Neue Heimat" für 1 DM Geburtenrate der BRD niedrigste der Welt Argentinien wird Fußballweltmeister Boris Becker gewinnt zum zweiten Mal das Turnier von Wimbledon	Compaq baut vor IBM den Intel-80386-Prozessor in Computer ein US-Raumfähre „Challenger" explodiert kurz nach dem Start „MIR" ist erste ständig bemannte Raumstation BSE („Rinderwahnsinn") wird entdeckt Deutsche Erstaufführung des Musicals „Cats" in Hamburg † Rock Hudson, US-Schauspieler (an Aids); Joseph Beuys, Bildhauer, Zeichner und Aktionskünstler; Rudolf Schock, Opernsänger; Simone de Beauvoir, französische Schriftstellerin und Feministin; Henry Moore, britischer Bildhauer; Benny Goodman, US-(Jazz-)Klarinettist

	Mannesmann Demag	Politik / Welt	Wirtschaft	Kultur / Wissenschaft
1989	Beginn der Internationalisierung der Mannesmann Demag Kunststofftechnik Lizenzvertrag mit LTMcNeil/Indien (1991), Erwerb von Petersen PIC/Brasilien (1992, Schließung 1994) Alpha 1, größte Kunststoff-Verarbeitungsmaschine der Welt, durch Krauss-Maffei/Diefenbacher/General Electric Plastics Ende der 80er Jahre Entwicklung der Gas-Injektionstechnik (GIT) Vorstellung der ersten holmlosen Spritzgießmaschine durch Engel, Österreich auf der K '89	Niedergang des Kommunismus – erste freie Wahlen in Ungarn, Polen, der Tschechoslowakei, Rumänien und der Sowjetunion Massaker auf dem Platz des Himmlischen Friedens in Peking Die Berliner Mauer fällt – und damit auch die DDR SED wird PDS, Gregor Gysi zum Vorsitzenden gewählt † Hirohito, japanischer Kaiser; Ajatollah Khomeini, iranisches Staatsoberhaupt; Nicolae Ceaucescu, rumänischer Staatschef (hingerichtet)	† Heinz Nixdorf, Computerkonstrukteur und Firmenleiter Daimler-Benz fusioniert mit Messerschmitt-Bölkow-Blohm (MBB) Die Stromkonzerne geben die WAA Wackersdorf zugunsten von La Hague in Frankreich auf Der Großtanker „Exxon Valdez" läuft auf auf Grund und verseucht 1100 Kilometer Küste in Alaska Deutschland wird erstmals Tennisweltmeister	Die Raumfähre „Atlantis" bringt die Sonde „Galileo" auf eine sechsjährige Reise zum Jupiter Die 1977 gestartete Voyager passiert den Neptun in knapp 5000 Kilometer Entfernung, Funkbilder (Laufzeit vier Stunden) zeigen zwölf Monde † Salvador Dali, spanischer Maler und Grafiker; Herbert von Karajan, Dirigent, Andrej Sacharow, sowjetischer Kernphysiker und Dissident; Samuel Beckett, irisch-französischer Dramatiker und Nobelpreisträger; Konrad Lorenz, österreichischer Verhaltensforscher und Nobelpreisträger; Hermann Oberth, Physiker und Raumfahrtpionier
1990	Erwerb des Plastmaschinenwerks Wiehe (Thüringen) durch Mannesmann Demag Kunststofftechnik: Mannesmann Demag Kunststofftechnik Wiehe Erstmals elektrischer Schneckenantrieb mittels eines drehzahlgeregelten Servomotors durch Battenfeld, Meinerzhagen	Die Sowjetunion zerfällt in selbstständige Einzelstaaten, zuerst Litauen, Lettland und Estland; Boris Jelzin wird Präsident Russlands Der Irak marschiert in Kuwait ein Die jugoslawischen Teilrepubliken Slowenien, Kroatien und Bosnien-Herzegowina erklären ihre Unabhängigkeit Nelson Mandela wird nach 27 Jahren aus der Haft entlassen	Seit 1900 hat sich das Volumen der Wirtschaft auf der Erde verzwanzigfacht Erdenergieverbrauch: 10,8 Milliarden Tonnen SKE Zur Privatisierung der 8000 volkseigenen Betriebe der DDR wird die Treuhandanstalt gegründet Dollarkurs unter 1,50 DM Deutschland wird mit einem 1:0 gegen Argentinien Fußballweltmeister	16-Megabyte-Chip komprimiert 1600 Seiten Text auf Briefmarkenformat Michail Gorbatschow erhält den Friedensnobelpreis † Friedrich Dürrenmatt, Schweizer Dramatiker; Greta Garbo, schwedisch-amerikanische Filmschauspielerin; Leonard Bernstein, US-Komponist, Dirigent und Musikpädagoge; Sammy Davis jr., US-Entertainer

1991	Entwicklung einer 82000-Kilonewton-Spritzgießmaschine mit doppelter Schließeinheit durch Battenfeld, Meinerzhagen	Eine aus 37 Nationen bestehende Armee befreit Kuwait Ende des Warschauer Pakts Ende des Kalten Krieges Auflösung der KPdSU durch Boris Jelzin Butros Ghali (Ägypten) wird neuer UNO-Generalsekretär Bundestag für Berlin als Regierungssitz 700 Jahre Schweiz	Die Deutsche Einheit wird vollzogen † Herbert Wehner, SPD-Politiker

Die Deutsche Einheit wird vollzogen
† Herbert Wehner, SPD-Politiker

in Italien
† Heinz-Oskar Vetter, Gewerkschaftsführer

UdSSR wird Mitglied des Internationalen Währungsfonds (IWF)
Notenbank und Präsident der USA bestätigen Rezession
Nach 28 Jahren rollt der letzte „Trabant 601" in Zwickau vom Band
Nach 18 Jahren Bauzeit und sieben Milliarden DM Investition entscheidet die Bundesregierung gegen die Inbetriebnahme des „Schnellen Brüters" in Kalkar
Über 200000 Todesopfer bei Wirbelsturm in Bangladesch
Erstes Wimbledon-Endspiel zwischen zwei Deutschen: Michael Stich gewinnt gegen Boris Becker
Carl Lewis stellt in Tokio mit 9,86 Sekunden neuen Weltrekord im 100-Meter-Lauf auf

Konstruktion eines elektrischen Schalters durch Umsetzen einzelner Atome mit dem Tunnel-Raster-Mikroskop
Im Ötztal wird im Schmelzwasser des Similaun-Gletschers die mumifizierte Leiche eines vor etwa 5300 Jahren gestorbenen Mannes aus der Bronzezeit entdeckt („Ötzi")
† Karl-Heinz Köpcke, TV-Nachrichtensprecher; Klaus Kinski, Schauspieler; Graham Greene, englischer Schriftsteller; Max Frisch, Schweizer Schriftsteller; Isaac Bashevis Singer, US-Schriftsteller

---

1992

Vorstellung der neuen Spritzgießmaschinen-Generation Demag „Ergotech" der Mannesmann Demag Kunststofftechnik auf der K '92

Maastrichter EG-Verträge
Stasi-Akten allgemein zugänglich
Der Demokrat Bill Clinton wird 42. Präsident der USA
„Ethnische Säuberung" durch die Serben im ehemaligen Jugoslawien
† General a.D. Gert Bastian und Petra Kelly, beide Grünenpolitiker (Selbstmord?); Willy Brandt, SPD-Politiker und Ex-Bundeskanzler; Alexander Dubcek, tschechoslowaki-

Vergleich der Reichsten (20 %) und Ärmsten (20 %) der Erde bei BSP = 82,7 %:1,4 %, bei Einkommen = 60:1, bei Lebensstandard Rang 12 für BRD; über drei Millionen Arbeitslose in der BRD (6 %)
„Lean Production" verbreitet sich in Automobilindustrie
Anteil der Kernenergie an der Stromerzeugung weltweit 18 Prozent
Weltweit zehn Millionen HIV-Infi-

Erstflug der US-Raumfähre „Endeavour", Mannschaft birgt und repariert Nachrichtensatelliten
Weltraumteleskop „Hubble" entdeckt Galaxie mit „schwarzem Loch"
Europäisches Patentamt patentiert „Harvard-Krebsmaus"
In 25 Jahren 20000 Herztransplantationen
Erstes energieautarkes Solarhaus in Freiburg in Betrieb

1993

Mannesmann Demag AG
Erwerb des Spritzgießmaschinen-Herstellers Van Dorn Demag / USA durch Mannesmann Demag AG

Friedliche Spaltung der ČSSR in die souveränen Republiken Tschechien und Slowakien

Friedensvertrag zwischen Israel und der PLO unterzeichnet

Gewaltsamer Putschversuch scheitert, Boris Jelzin gewinnt knapp die ersten demokratischen Wahlen in Russland

Die Grünen und Bündnis 90 fusionieren

Das Strafverfahren gegen Erich Honecker wird eingestellt

† Baudouin I., König der Belgier; Wolf Graf Baudissin, Militär und Friedensforscher

...scher Politiker und Reformer

Europäischer Binnenmarkt der zwölf EG-Mitgliedsstaaten tritt in Kraft

Gesamtwirtschaftliche Entwicklung in Deutschland rückläufig

Terror-Anschlag auf das New World Trade Centre in New York fordert fünf Tote und über 1000 Verletzte

Die Bundespost führt neue, fünfstellige Postleitzahlen ein

Fusion von Karstadt und Hertie

Serie von Chemie-Unfällen bei Hoechst

Monika Seles in Hamburg durch einen Messerstich schwer verletzt

...zierte

Olympische Sommerspiele in Barcelona, Winterspiele in Albertville (F)

† Josef Neckermann, Unternehmer und Dressurreiter

Hoechst AG beginnt mit der Produktion von Insulin mit Hilfe gentechnisch veränderter Bakterien

Experiment „Biosphere 2" in der Wüste Arizonas geht nach zwei Jahren zu Ende

Weltraumteleskop „Hubble" erhält von den Astronauten der „Endeavour" eine Korrekturoptik

Weimar wird zur Kulturhauptstadt Europas für 1999 gewählt

† Federico Fellini, italienischer Filmregisseur („La Strada"); Heinrich Albertz, evangelischer Theologe, SPD-Politiker und ehemaliger Regierender Bürgermeister von Berlin; Audrey Hepburn, US-Schauspielerin

Rechengeschwindigkeit von einer Milliarde Bit / Sekunde im Computerverbund erreicht

† Martin Held, Schauspieler

1998

Mannesmann Plastics Machinery
Mannesmann Demag Kunststofftechnik GmbH wird zur Demag Ergotech GmbH (DET) und Teil der neuen Mannesmann Plastics Machinery AG, München (MPM)

DET gründet mit der Ningbo Haitian Corporation Ltd. das Jointventure Demag Haitian, Ningbo/VR China

Vorstellung des ersten elektrohydraulischen Einzelantriebs der Schließeinheit in der Ergotech

Atomwaffentests in Indien und Pakistan, die Außenminister der G8-Staaten streichen Kredite

EU friert serbische und restjugoslawische Auslandsguthaben ein und verfügt Investitionsstopp

Nahost-Friedensvertrag von Wye

In Israel wird Ministerpräsident Netanyahu abgewählt

Gegen US-Präsident Bill Clinton wird ein Amtsenthebungsverfahren

Frankreich führt die 35-Stunden-Woche ein

Daimler-Benz und Chrysler fusionieren zum drittgrößten Automobilhersteller der Welt

VW erwirbt Rolls Royce, BMW allerdings die Markenrechte

Die Hoechst AG fusioniert mit der französischen Rhone-Poulenc

Die Mehrwertsteuer wird auf 16 Prozent erhöht

Vorläufig letzter Shuttle-Flug zur russischen Raumstation MIR

Größte gentechnische Reihenuntersuchung der BRD führt zum Mörder von Christina Nytsch

Potenzpille Viagra im Handel

Astronaut John Glenn (77) fliegt zum zweiten Mal in seinem Leben ins All

Papst Johannes Paul II. besucht Kuba und Österreich

† Frank Sinatra, US-Sänger und

1998	Elexis der Demag Ergotech GmbH auf der K '98	(„Impeachment") eingeleitet Bundesrat beschließt Einführung des Euro Die Rote-Armee-Fraktion löst sich nach 28 Jahren selbst auf SPD und Grüne/Bündnis 90 gewinnen die Bundestagswahlen	Wirtschaftskrisen in Asien und Russland wirken weltweit ICE-Zugunglück in Eschede fordert 101 Todesopfer Fußball-WM in Frankreich von Gewalt begleitet Berti Vogts hört nach schlechtem Abschneiden seiner Mannschaft als Bundestrainer auf † Ferdinand „Ferry" A. E. Porsche, Sohn von Ferdinand P., Konstrukteur und Industrieller; Ernst Klett, Verleger	Schauspieler; Hans-Joachim Kuhlenkampff, Showmaster; Francis H. Durbridge, britischer Kriminalschriftsteller; Halldór K. Laxness, isländischer Schriftsteller
1999	Bau einer 80000-Kilonewton-Spritzgießmaschine (zwei Platten, acht Säulen, drei Spritzeinheiten) zur Herstellung von Kunststoffkarosserien durch Husky Injection Molding Systems, Bolton/Ontario (CAN)	NATO-Staaten mit Beteiligung der BRD führen Luftkrieg gegen die Serben im Kosovo Ehud Barak gewinnt Parlamentswahlen in Israel „Impeachment" gegen Bill Clinton endet mit Freispruch UN-Vertrag über das Verbot von Landminen tritt in Kraft Eröffnung des Reichstages in Berlin Johannes Rau wird neuer Bundespräsident † Hussein Ibn Talal, König von Jordanien	Gründung der Europäischen Zentralbank als letzte Stufe der Wirtschafts- und Währungsunion Brandkatastrophen im Montblanc- und im Tauern-Tunnel 11. August: Totale Sonnenfinsternis in Teilen Europas Schwerstes Erdbeben der europäischen Geschichte in der Türkei	Das kostenlose Betriebssystem Linux gewinnt Marktanteile nach Akzeptanz durch Großunternehmen Weimar ist „Kulturstadt Europas", feierlicher Höhepunkt ist der 250. Geburtstag Goethes Günter Grass erhält Literatur-Nobelpreis † Sebastian Haffner, Publizist; Rolf Liebermann, Komponist und Opernintendant; Lord Yehudi Menuhin, US-Violinist
2000	Das britische Telekommunikationsunternehmen Vodafone übernimmt die Mannesmann AG, deren Engineering- & Automotive-Sparte (Maschinenbau-, Automobilzulieferer-Aktivitäten) wird ausgegliedert	Nach dem Rücktritt Boris Jelzins wird Interimspräsident Wladimir Putin zum neuen Staatschef Russlands gewählt Der CDU-Parteispenden-Skandal beherrscht Anfang des Jahres die politi-	Großfusionen, -beteiligungen bzw. -übernahmen, wie Daimler Chrysler/Mitsubishi, Vodafone/Mannesmann, dominieren das wirtschaftliche Geschehen BMW stößt den britischen Auto-	Dreidimensionale Radarvermessung der Erde durch die Besatzung des NASA-Shuttles „Endeavour" Einwöchige Pilgerreise von Papst Johannes Paul II. in den Nahen Osten (Israel)

und von Bosch und Siemens übernommen

Auch Mannesmann Demag Krauss-Maffei inklusive der zur bisherigen MPM gehörenden Kunststoff-maschinen-Hersteller, unter anderem Demag Ergotech, sind Bestandteil der Atecs

sche Szene in Deutschland: Ex-Bundeskanzler Helmut Kohl verweigert als oberster Geldbeschaffer („Bimbes") die Aussage über Spender vor einem Untersuchungsausschuss, unter anderem geraten Ex-CDU-Schatzmeister Walter Leisler Kiep und Waffenhändler Karlheinz Schreiber ins Visier der Staatsanwaltschaft, Falschaussagen von Wolfgang Schäuble vor dem Parlament zwingen ihn zum Rücktritt vom Amt des CDU-Partei- und Fraktionsvorsitzenden

mobilhersteller und Milliarden-Verlustbringer Rover ab

Cisco Systems Inc. (Computernetz-Schaltanlagen) löst mit 555,4 Milliarden US-Dollar Aktienwert Microsoft als wertvollstes Unternehmen der Welt ab

In Deutschland grassiert das Aktien- und Börsenfieber

† Klaus Piper, Verleger

Weltausstellung EXPO 2000 in Hannover vom 1.6. bis 31.10.

Ferrari-Pilot Michael Schumacher gewinnt die drei ersten Formel-1-Rennen der Saison (Melbourne, Sao Paulo, Imola)

† Friedensreich Hundertwasser, österreichischer Maler und Grafiker („Hundertwasser-Haus", Wien); Joachim E. Behrendt, „Jazzpapst" und New-Age-Guru („Das Jazzbuch"); Bernhard Wicki, Schauspieler und Regisseur